U0159249

基于活化能分析的绝缘寿命评估技术

主　编　李锐海　金　虎　李庆民

副主编　王　健　任　鹏　王　伟

参　编　王　颂　沈楚莹　任瀚文

　　　　公衍峰　李思庚　高浩予

　　　　王新成　綦天润

西南交通大学出版社
·成　都·

图书在版编目（ＣＩＰ）数据

基于活化能分析的绝缘寿命评估技术 / 李锐海，金虎，李庆民主编. -- 成都：西南交通大学出版社，2023.9

ISBN 978-7-5643-9488-2

Ⅰ.①基… Ⅱ.①李… ②金… ③李… Ⅲ.①电力设备 – 寿命 – 评估 Ⅳ.①TM4

中国国家版本馆 CIP 数据核字（2023）第 178230 号

Jiyu Huohuaneng Fenxi de Jueyuan Shouming Pinggu Jishu

基于活化能分析的绝缘寿命评估技术

主编　李锐海　金　虎　李庆民

责 任 编 辑	张少华
封 面 设 计	GT 工作室
出 版 发 行	西南交通大学出版社
	（四川省成都市二环路北一段 111 号
	西南交通大学创新大厦 21 楼）
发行部电话	028-87600564　028-87600533
邮 政 编 码	610031
网　　　址	http：//www.xnjdcbs.com
印　　　刷	四川森林印务有限责任公司
成 品 尺 寸	170 mm × 230 mm
印　　　张	6.5
字　　　数	81 千
版　　　次	2023 年 9 月第 1 版
印　　　次	2023 年 9 月第 1 次
书　　　号	ISBN 978-7-5643-9488-2
定　　　价	48.00 元

前　言

由于电网设备的日益增多和电网对节点设备性能要求的多样化及复杂化，利用基于设备性能状态和寿命预测评估的数据分析技术，建立指导设备科学运维方法，是新型电力系统设备技术发展的必然趋势。建立设备性能科学定量评估方法是该工作的基础和前提。

电气设备经一定时间的运行后，其绝缘发生劣化，性能发生变异，材料的老化过程实际上就是材料在运行环境下，其自身活化分子跃变能力变化的过程，也是活化分子与其他物质发生化学反应及变化的过程。材料活化能代表了化学反应所需克服的能量势垒，能够直接反映绝缘材料裂解的难易程度，是表征材料老化过程的本质属性。

本书编写团队收集了南方电网公司在运 GIS 设备典型缺陷和运行年度盆式绝缘子样本及绞合型碳纤维复合材料芯架空导线样本，开展了大量的不同类型活化能实验及性能评估方法的研究，证实材料活化能可以定量评估材料绝缘性能，并能合理评估材料剩余寿命。本书是编写团队基于活化能理论，对电力设备绝缘性能开展定量评估方法的总结，介绍了活化能及活化能评估绝缘性能的方法、材料活化能检测技术及试验数据的处理方式、绝缘寿命的预测和评估方法。应该指出，本书是绝缘材料寿命评估方法的基础探讨，目前仍有许多技术问题需要攻克。

　　本书得到了国家自然科学基金面上项目"GIS 盆式绝缘子电热老化的热动力学特性与绝缘寿命预测方法"专项的支持。鉴于作者水平所限,书中难免存在疏漏和不足之处,诚挚欢迎广大读者朋友批评指正。

编　者

2023 年 7 月

目　录

第 1 章 绪 论

1.1 绝缘寿命评估技术的研究背景和意义

随着国民经济飞速发展与电网规模的日益扩大，新投运的电力设备数量越来越多，大量的电网运行统计资料表明，高压电气设备的绝缘特性会对设备的可靠性产生直接的影响。电气设备经长期运行后，其绝缘将发生劣化甚至失效，可能引发爆炸、火灾等重大事件，甚至有可能造成人员伤亡。由此可见，电气设备的绝缘性能，对整个设备的使用寿命乃至电力系统安全稳定性起着至关重要的作用。

考虑到绝缘材料的应用场景呈现多元化发展趋势，电力设备的绝缘状况呈现复杂的特点，及时对电气设备绝缘状态进行评估显得尤为重要。而现有运维策略多采用固定期限进行预防性试验及更换的方式，不仅维护成本高，而且更换时的停电状态也会降低整个系统的运行效率，不利于电力系统的高效可持续发展。同时，目前预防性试验仅仅根据对应项目的试验要求，进行设备或绝缘技术参数符合性的检查评估，并没有能够评估绝缘性能的现实状况，更难以评估绝缘以及设备的未来可能运行寿命。为避免因设备本身的绝缘失效而导致系统的故障与停运，需要对电气设备的绝缘材料开展状态评估及寿命预测，以期获得更为合理的检修与运维策略，这是当前电网运行部门亟须解决的关键问题。

当前，国内外学者围绕设备绝缘材料的状态评估及寿命预测开展了诸多研究工作。针对绝缘系统可能出现的故障，学者们对 GIS、发电机线棒、电力电子变压器、电缆等设备的关键绝缘材料已进行一些研究。GIS 设备其腔体内部充有一定气压的 SF_6 气体或其混合气体作为绝缘与灭弧介质，相较于其他设备绝缘性能优异，但因长期承受电-热-机械等复杂联合应力，绝缘问题依旧突出，目前相关研究学者多采用 SF_6 气体的泄漏监测以及反应产物的分析来评估当前设备的绝缘状态；此外，部分学者基于 TEV 原理检测变电站金属柜开关设备的局部放电，作为评估设备绝缘性能的一种手段；学者金虎等人针对 GIS 设备绝缘问题，基于多参量融合技术开展 GIS 局部放电发展过程及其严重程度评估建立了 GIS 设备典型绝缘特征参量与绝缘状态的关联关系；针对高压设备的气体放电检测，重庆大学学者采用紫外传感检测技术分析放电规律，并对设备的状态评估阈值进行界定；对于电力变压器设备，学者郑含博建立了状态评估的体系方法，基于算法优化为状态评估的结合信度提供了新的研究思路；空心电抗器的匝间绝缘缺陷作为设备的主要缺陷，黄学民等人采用高频脉冲震荡法对故障分析并提出运维建议；对于变压器绝缘设备的关键绝缘部件，刘君等人通过开展绝缘油纸在微水中扩散暂态过程的介质频率响应研究，获取了介电松弛规律；付强等依据介电响应法开展了电机定子线棒绝缘老化研究，尝试进行设备的无损检测及状态评估；周长亮基于介电频谱方法开展了电缆橡胶绝缘老化评估研究，通过介电性能评估结合神经网络研究了材料的老化状态；学者王霞基于空间电荷效应的绝缘老化寿命模型，从微观角度分析了空间电荷效应对绝缘材料的老化破坏作用；学者李长云定义了应力-时间平移因子，从理论和实验两方面验证了绝缘纸加速老化实验的等效性，可为绝缘纸加速老化实验与寿命评估提供理论支撑；同时有学者对电磁继电器线圈的寿命决定因素进行了分析，深入研究了电磁继电器线圈的寿命评估方法，并开发了电磁继电器线圈的老化实验系统。上述针对特定设备下的绝缘状态评估方法，其检测过程中由于材料的不均匀性、放电的不易捕获特性以及设备安装的局限性，往往不能够保证检测方法的深入性，并且绝缘材料的差异性也会导致研究方法在特定条件中受限。况且，当前大多方法多基于外部间接测量信号对绝缘老化状态的响应特征来判断绝缘状态，对于材料自身劣化程度的描述还无法直接建立联系，导致目前的检测方法仅仅反映了外部实施条件下的诱发特性，对于预警阶段反映不清晰，潜伏性缺陷尚未深入探究。因此，有必要基于材料自身的理化性能提出一套反映材料本质特征的检测及寿命评估方法。

上述方法，在对不同绝缘材料的某种性能表现方面获得了较大的进展，对绝缘及设备在某一个或多个参数方面的性能变异提供了判断依据，但在绝缘整体性能的表征方面，仍然缺少绝缘体在老化过程中，体现在分子层面描述绝缘老化衰变并导致绝缘性能下降和寿命减少的参量参数。因此，寻找能够表征绝缘体性能状况的参量成为绝缘老化评估及寿命预测的基础和关键。

绝缘材料的老化是一个缓慢的过程，其本质就是绝缘材料内部分子发生化学反应，"活化能"作为材料的本征属性参量，衡量反应物参与化学反应所需能量的难易程度，可以有效地表征材料当前的能量状态。电力设备绝缘材料在所处能量环境老化进程中，其分子化学键在长期的热电等多交织反应作用下会产生自由基团，并且分子与分子间的键能弱化，具体表现为活化能数值的变化。从某种意义来说，"活化能"就是在运行环境中，激发材料中形成自由粒子参与化学反应的能量，而这种化学反应实质就是绝缘老化过程。随着绝缘老化的加剧，绝缘体的"活化能"越来越小，激发材料体中形成自由粒子所需要的外部能量也越来越小，外部运行的电场能量就足以导致绝缘老化的进一步加剧，当材料"活化能"降低到一定程度，绝缘已经不能耐受基本运行电压的作用，绝缘体寿命终结。由此可见，从材料微观角度而言，绝缘体的老化过程就是材料活化能降低的过程，因此活化能可以作为表征材料绝缘状态以及反应难易程度的特征参量，进一步作为评估绝缘材料剩余寿命的潜在技术手段。

本书力图利用表征绝缘材料状态的"活化能"参量，构建绝缘状态评估及寿命预测的方法，为电力设备的运行状态识别和评估提供一种新的思路。

1.2 国内外研究现状

活化能作为热动力学分析的关键参量，对表征材料的固有特性具有一定的指导性，可以对绝缘材料的潜伏性缺陷、绝缘老化过程进行描述，为电气设备的绝缘状态评估与寿命预测提供了途径。近几年，围绕绝缘聚合物以及复合材料的老化裂解反应、反应机理函数的求解方法以及寿命评估模型的建立等内容，国内外研究团队开展了一系列研究工作，并取得了一定成果。

1.2.1 环氧树脂复合材料的反应机制与建模方法

1. 环氧树脂复合材料的老化特性与反应机制

环氧树脂作为常见的电气设备绝缘材料，在长期的电热等复合应力作用下会发生裂解反应。重庆大学研究团队研究了老化实验后材料的绝缘参量，包括质量损失率、交流击穿特性以及介电特性，并得出材料随老化加深、表现出介损增加与击穿场强降低的发展趋势。对比单一应力的影响，电热联合老化作用下材料电气绝缘参量的测试结果变化相对明显。部分学者依据 IEC 标准开展两种加速老化温度下环氧树脂的老化实验研究，发现材料随老化时间的周期性变化过程中，其质量损失率也会呈现正相关变化，在材料老化的初始阶段，环氧树脂的失重率随老化周期延长而呈现指数式增加，在老化末期会趋于稳定。欧阳文敏等学者讨论了环氧树脂材料的电树发展与电压频率的关系，发现电树的发展过程中，负脉冲电压较正脉冲电压低，呈现与频率增长的负相关关系，考虑环氧树脂早期绝缘失效多由生产过程中所产生的异物、气泡等缺陷引起，并且在电应力作用下材料的介质损耗与体电阻率均会减小。为进一步探究环氧树脂在湿热条件下的老化机理，谢荣斌等学者针对不同的老化样本采用 SEM 电镜扫描获取表面形貌特征，发现随裂纹数量增加，材料内部的水分变化呈现均匀排布。同时相关学者通过对电压波形参数的调整，使环境条件改变，得出结论：多场耦合作用下试样的老化较单一作用场更能加速老化进程，并且材料的机械结构与电气绝缘也会出现显著下降，高介损因数下的环氧树脂试样会优先失效。由此可见，针对环氧树脂的老化特性研究已有较多进展，但多是针对单一材料的研究，对于电气设备用复合材料的老化特性尚缺少针对性研究。

软件仿真可以对材料的微观动力学行为进行模拟分析，可作为揭示材料老化裂解机制的有效技术手段。相关学者利用 MS 仿真软件，开展了环氧树脂体系下的分子动力学仿真，探究了能量、体积以及动态特性的演变规律，并依据扩散系数计算材料的玻璃化转变温度。谢耀恒等人通过分子模拟软件探究甲基四氢邻苯二甲酸酐与环氧树脂材料的交联固化反应，并对水分子在交联反应过程中所表现扩散反应进行分析，讨论了湿热条件下的影响规律。刁智俊等利用 ReaxFF 方法仿真了电路板中非交联固化环氧树脂在不同反应温度及升温速率中的热解机理，分析了高温裂解下材料产物的生成路径。还有学者通过不同温度下印刷电路板热解反应的分析，建立温度对裂解反应的作用机制。有研究建立了 4 种交联环氧树脂模型，并通过 LAMMPS 软件分别开展四周介质产物在电热联合作用下的裂解模拟及产物分析。

综上所述，当前针对环氧树脂复合材料在分子仿真方面的研究已有较多研究成果，但考虑绝缘介质在微观裂解反应中的特性以及产物演变规律方面的研究还较为缺乏。因此，基于分子仿真平台开展系列微观反应，并追踪和定位反应过程中的产物生成规律及组分含量，对建立绝缘材料在裂解过程的动力学特性及揭示其老化过程中的反应机理具有一定的研究价值。现有仿真方法多采用在固相反应中，添加环氧树脂的特定反应力场参数，并通过热解动力学运行，其可能会带来缺乏逻辑性的误差与偏置，因此，材料的微观反应机制是多个反应阶段的复合过程，但是对于单一反应层面的有效信息还尚不清晰，这就需要对反应过程所涉及的各反应进行机理探究与梳理。光谱测试、扫描电镜（SEM）等手段，是目前依据现代科技分析仪器及测试技术演化出的且可作为揭示反应机制的方法。由此，可通过上述技术手段，开展 GIS 盆式绝缘子用环氧树脂类材料的微观形貌、分子基团等测试，以揭示材料的劣化反应机理，是构建计算热分析动力学参数的重要前提，具有重要的科学探索意义。

2. 反应机理函数建模方法

反应机理函数，在微观上是反应过程的函数表述式，在宏观上是利用数学描述绝缘劣化的手段，前人研究建立了绝缘的转化率和反应速率之间的函数关系，其定义如式（1-1）所示：

$$G(\alpha) = \int_0^{\alpha} \frac{\mathrm{d}\alpha}{f(\alpha)} = kt \qquad (1\text{-}1)$$

式（1-1）中，$f(\alpha)$ 和 $G(\alpha)$ 为反应机理函数，$f(\alpha)$ 为微分表达式，$G(\alpha)$ 表示积分表达式；α 为 t 时刻物质的反应转化率，即表征反应过程中在某一时间和温度下生成物质量与该反应过程中损失质量的比值；k 为反应速率；t 为时间。

目前广泛利用成核模型来描述许多固态反应如水合、结晶、吸附、分解和去溶剂化等过程，可推导出核的动力学速率方程如表 1.1 所示，在应用时，这些反应机理函数由于没有考虑核的生长机制而受限。

表 1.1　成核速率的数学表达式

成核速率定律	微分形式 $\mathrm{d}N/\mathrm{d}T$	积分形式 N
指数（单步成核）	$k_N N_0 \mathrm{e}^{-k_N t}$	$N_0(1-\mathrm{e}^{-k_N t})$
线性（单步成核）	$k_N N_0$	$k_N N_0 t$
瞬时（单步成核）	∞	N_0
幂级（多步成核）	$D\beta t^{\beta-1}$	$D\beta t^{\beta}$

Prout 和 Tompkins 观察高锰酸钾热分解期间大量的晶体裂纹现象，提出了 B1 模型，如式（1-2）所示：

$$\ln \frac{\alpha}{1-\alpha} = kt + c \qquad (1\text{-}2)$$

式（1-2）中，k 为反应速率常数，c 为常数。实验结果表明，所建立的数学模型能较好地模拟固态高锰酸盐的热解过程。不过，由于推导过程中的假设条件存在疑问，这个模型也遭到了质疑，有研究人员提出了改进意见。Skrdla 认为成核反应和支化反应是两个不同的过程，因此有不同的反应速率常数，并提出了速率函数表达式。不同形状的固体颗粒可用 3 种 R 模型的机理函数来表征。圆柱形、球形和立方体形状收缩体积模型机理函数分别用式（1-3）、（1-4）表示：

$$1-(1-\alpha)^{\frac{1}{2}} = kt \qquad (1-3)$$

$$1-(1-\alpha)^{\frac{1}{3}} = kt \qquad (1-4)$$

值得指出的是，在导出几何收缩模型的过程中，是将颗粒大小与速率常数结合在一起展开综合分析，然而不同粒径的颗粒往往会对反应速率造成影响，从而对反应机理函数的求解造成了不利的影响，其直接体现为 α-t 曲线或 α-T 曲线的偏移。

在反应过程中，产物的界面层与反应程度呈正相关，与产物生成速率和界面层的厚度呈负相关。例如，在金属界面上的氧化反应，显示了其扩散过程。通过平面的一维扩散如图 1.1 所示，按照图 1.1 在时刻 dt，一定量的反应剂 B 经过界面形成产品 AB，它的反应速度可以由式（1-5）来表达：

$$\frac{\mathrm{d}l}{\mathrm{d}t} = -D\frac{M_{AB}}{M_B\rho}\frac{\mathrm{d}C}{\mathrm{d}x} \qquad (1-5)$$

式中，A 和 B 是反应物；AB 是产物界面；M_{AB} 和 M_B 分别是 AB 和 B 的分子量；ρ 是 AB 的密度；D 是扩散系数；C 是浓度；l 是界面厚度；x 是接口 Q 到 AB 的测量距离。

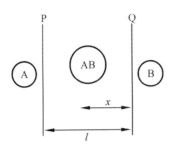

图 1.1 通过平面的一维扩散

利用公式（1-5）分别推导出一维扩散模型、二维扩散模型、三维扩散模型，其表达式如式（1-6）～（1-8）所示：

$$\alpha^2 = kt \qquad\qquad\qquad (1\text{-}6)$$

$$\left(1-(1-\alpha)^{\frac{1}{3}}\right)^2 = kt \qquad\qquad (1\text{-}7)$$

$$\frac{\mathrm{d}\alpha}{\mathrm{d}t} = -\frac{k}{\ln(1-\alpha)} \qquad\qquad (1\text{-}8)$$

之后，许多学者在不同的固相反应条件下，又提出了许多新的反应速率模型。在 20 世纪，许多学者建立了不同类型的反应机理函数，并加以完善。但由于绝缘材料在热解过程中反应机制复杂；材料本身形状不规则，结构不统一；样品材料在坩埚中反应程度不同以及反应物在反应过程中性质变化，经常会影响实验结果，使得热分解曲线与实际反应机理不符，所得的反应机理函数会出现误差。因此，到目前为止对于一个较通用的反应机理函数模型的研究依旧薄弱，使得热动力分析研究缺乏准确性。理论上，可以通过研究多个动力学模型的叠加来克服热定力学分析的局限性。这些动力学模型可以修正实验材料的反应机理与理想模型的偏差，但是并没有实际物理意义。考虑实际原因，模型也不能够无限地叠加。所以，研究方向的重点应该是建立一个更加通用的模型。

1.2.2 基于热动力学参数的绝缘老化评估与寿命预测

近年来，国内外学者开始通过研究绝缘材料的本征特性来表征其老化裂解的特性。在正常运行时绝缘材料会发生多种化学反应，如有氧的老化裂解和无氧的老化裂解。反应中绝缘材料内部分子链不断地拆分、重组，使其分子结构被破坏，同时使其本征特性发生改变。绝缘材料的热老化分解的实质是在高温下发生了众多断键和重组的化学反应。这些化学反应速度越慢，其分子结构破坏越小，其性能就越好，这就是绝缘寿命的表征。反应速度可以通过热动力学中的动力学参数进行表征，因此其寿命的定量分析就能够通过热力学参数来表征。Dakin 认为绝缘材料的老化与反应速度的速度相关，提出了老化与反应速度的表达式（1-9）。该表达式通过热动力学参量建立了绝缘材料的寿命与温度的关系，并能够验证该式，得出了绝缘材料的寿命与运行温度的倒数呈线性关系：

$$\ln \tau = a + b \cdot \frac{1}{T} = a + \frac{E}{RT} \tag{1-9}$$

式中，τ 为绝缘材料寿命；T 为运行温度；E 为热解活化能；R 为气体常量；a 和 b 为常数参量。

测得两个不同温度下的寿命值，并确立寿命判据，利用公式就可以分别计算出 a 和 b 的值，就可以通过（1-9）来计算寿命。该评估方法依旧有局限，分析中认为反应机理函数和动力学参量不发生改变，这就使得运行温度同测试温度相比不能有大的波动。于伯龄等研究人员利用新的失效判据（失重 10%）对化纤助剂在不同温度下进行了寿命预测。李传儒和蒋世承利用该判据进行了漆包线绝缘和氧化银电池的寿命预测，但由于老化裂解的过程中其反应机制太复杂，部分实验数据并不满足理论上的关系。

Eyring 等学者提出了指前因子新的表征形式，认为指前因子与温度有关，并基于式（1-9）提出了新的老化寿命模型。但是由于不同聚合物绝缘材料劣化过程的复杂性，部分实验结果并不能满足式（1-9）所示的线性关系。之后的研究修正了指前因子表征形式，认为指前因子是温度的函数，在式（1-9）的基础上提出了改进的热老化寿命模型，如式（1-10）所示：

$$\ln \tau = mAT^{m} + \frac{E}{RT} \qquad (1-10)$$

式中，A 为指前因子；m 为无量纲常数。

Lewis 认为老化是分子在热运动中由于分子化学键的断裂重组，材料内部结构发生变化。在高电场强度下运行时，绝缘材料内部会引起电机械应力，使分子的热运动更激烈。综合多种情况，Lewis 提出新的化学反应速率方程，如式（1-11）所示：

$$k_{12} = \frac{kT}{h} \exp\left(-\frac{\Delta E_1 + \Delta E_C - \lambda_1 \sigma + \lambda_2 \varepsilon V^2}{kT} \right) \qquad (1-11)$$

式中，ΔE_1 表示所使用绝缘材料的本征活化能；ΔE_C 表示由杂质存在所造成的活化能改变量，其单位为 kJ/mol，视为化学动力作用的结果；$\lambda_1 \sigma$ 表示活化能受到机械作用而发生的改变；$\lambda_2 \varepsilon V^2$ 表示活化能受电场强度作用而发生的改变。在已经知道材料的绝缘失效点后，绝缘材料的寿命就可以用绝缘失效函数与速率常数之比来求出。

Bahder 学者认为交联聚乙烯材料的通道腐蚀可以由局部放电引起，局部放电可能会导致击穿现象的发生，这个过程中，材料的老化过程可以看作是热动力学过程。因此，我们可以用活化能来描述此过程，其寿命模型的表述形式如式（1-12）所示：

$$L = \frac{(Af)^{-1}}{V - V_t} \exp\left(\frac{E - b(V - V_t)}{kT} \right) \qquad (1-12)$$

式中，E 为活化能，单位为 kJ/mol；V_t 为起始电场强度，单位为 kV/mm；

f 为频率，其单位为 Hz；T 为绝对温度，单位为 K；V 为局部放电场强；k 表示 Boltzmann 常数，其数值为 $1.380\,649 \times 10^{-23}$ J/K；A、b 为常数。

该寿命模型认为老化是由局部放电引起的，而事实上老化是多种因素共同作用的结果，因此该寿命模型具有一定的局限性。一般情况下，不同绝缘材料的老化机制不同，因而不同的寿命模型对应于不同的绝缘材料，Dissado 认为老化过程独立于其理化机制。该学者通过实验和计算分析得出了独立于物理机理的寿命模型，其表达式如式（1-13）所示：

$$L(T,V) = \frac{h}{2kT} \exp\left(\frac{E - {Z_1 V^{4Z_2}}/{2}}{kT}\right) \ln\left(\frac{P_q - P_0}{P_q - P^*}\right) \left(\cosh\left(\frac{E_2 - Z_1 V^{4Z_2}}{2kT}\right)\right)^{-1}$$

（1-13）

式中，E 为材料的本征活化能，单位为 kJ/mol；E_2 为生成物与反应物自由能两者之间的差值，单位为 kJ/mol；本书中 Z_1 和 Z_2 表示常数，它们的数值由具体的实验来确定；h 为普朗克常数，本书所取得的数值为 $6.626\,070\,15 \times 10^{-34}$ J·s；用 P_0 表示材料未老化前变化部分占材料总体的百分比；用 P_q 表示发生化学反应后，材料发生变化的部分占比；用 P^* 表示材料老化后发生变化的部分，所占总体的百分比。

经过多次实验论证，该模型的计算结果与多次实际实验结果相符，误差在合理范围之内，该结果符合大多数绝缘材料的寿命分布特征，但也存在一些缺点，例如该模型事先要求出许多相关参量，而且一些参数的具体数值确定起来非常困难，这些不利因素大大制约了该模型的应用。

当上述寿命评估模型提出之后，不同的学者在这些寿命模型的基础上针对具体的绝缘材料开展了寿命评估。李建喜采用断裂伸长率法和非等温氧化诱导温度法，将三元乙丙绝缘材料的活化能以及该材料的剩余寿命计算出来，但是，由于在不同温度下，所进行的老化实验的动力学参数和反应机理也会有所不同，而且，目前的寿命终止判定准则也不唯一，没有一个统一的标准，这导致使用两种不同的方法会得到相差非常大的计算结果。Chang 所采用的通过对修改后的热动力学方程进行合理变形而得到新材料的寿命方程，使用该方法可在很短的时间内对绝缘材料在不同温度下的使用寿命进行预测，但是，该方法的前提是所用到绝缘材料的反应机理函数必须符合 $f(\alpha) = (1 - \alpha)^n$ 形式，但实际上，很多绝缘材料的反应机理函数并不符合这种形式。

综上所述，经过国内外学者大量的研究结果，得出下面结论：利用热动力学参量评估绝缘材料的寿命模型不能太过简单，否则得到的结果不一定可靠；但如果所建立的寿命模型过于复杂，往往就会出现中间参量难以求解的现象，特别是对于一些复合绝缘材料，不具有实用性。因此，基于上述结论，我们可以充分利用材料本征属性——活化能来预测绝缘材料的剩余寿命。但在此过程中，如果想要实现利用热动力学参数来评估绝缘材料所处的绝缘状态，就必须研究绝缘材料在老化及劣化过程中的其他热解参量。但在如何建立热动力学特征参量与绝缘材料老化程度的定量关系模型的问题上，还有待商榷，这也是目前需要攻克的难点之一。其次，实现剩余寿命有效预测的前提是寿命终止判定准则，目前正在使用的方法中，以质量损失阈值作为不同材料寿命判据的准确性还需要进一步验证。目前，如何以质量损失阈值为基础，再结合绝缘击穿强度以及热动力学参量提出可靠的绝缘失效判据，并在此基础上建立基于活化能特征参量的绝缘状态评估与寿命预测模型，成为有待探索研究的重要内容。

　　本书通过对复合绝缘材料的裂解反应机理进行建模分析，并提出热解反应函数结构参量的求解方法、确定绝缘失效终点并建立活化能参量下的寿命评估模型，研究电热应力作用下的微观反应机制，确定宏观绝缘性能变化与分子的反演关系，实现基于热动力学分析手段下的绝缘状态检测与寿命评估方法。通过本书的研究，可以建立一套基于理论、方法以及技术应用角度的创新性工作，对确保电力设备可靠运行与电网系统的经济运行，具有一定的理论意义和应用价值。

第 2 章　活化能理论

2.1　活化能的数学定义

目前经典的活化能数学定义如下：

$$k = A\exp\left(-\frac{E_a}{RT}\right) \tag{2-1}$$

或者

$$\ln k = -\frac{E_a}{RT} + \ln A \tag{2-2}$$

式（2-1）和式（2-2）就是著名的 Arrhenius 方程。式中，A 称为指前因子（或被称为频率因子），与 k 具有相同的因次，可以认为高温时 k 的极限值；R 为普适气体常数；T 为绝对温度；E_a 具有能量因次，称为反应的活化能（Activation Energy）。下面将对活化能进行详细论述。

活化能作为能够衡量化学反应难易程度的参量，在化学反应中具有重要的意义。历史上，对活化能的定义，主要经历了以下 3 类意见：① Arrhenius 把活化能定义为反应物分子转变为活化分子所需要的能量；② Lewis 认为活化分子所具有的最低能量与反应物分子的平均能量之差就是活化能；③ Tolman 认为活化分子的平均能量与反应物分子的平均能量之差即为活化能。活化能的定义经过 100 多年的发展，Tolman 基于统计角度对活化能的定义被国内外学者广泛接受。Tolman 曾证明：

$$E_a = \langle E^* \rangle - \langle E \rangle \tag{2-3}$$

式中，$\langle\ \rangle$ 代表对分子求平均值；$\langle E \rangle$ 代表全部反应物分子的平均能量（例如理想气体为 $3RT/2$）；$\langle E^* \rangle$ 代表有资格发生反应的那些分子的平均能量（都以 mol 为物质量单位），而活化能 E_a 为这两个统计平均能值的差值。也就是说，并非所有的分子均能发生反应，只有那些平均能值为$\langle E^* \rangle$的分子才能发生反应。所以说，使一个普通分子变为有资格进行反应的分子，必须获得$[\langle E^* \rangle - \langle E \rangle]/L = \langle \varepsilon^* \rangle - \langle \varepsilon \rangle$的能量，$L$为阿伏伽德罗常数，$\langle \varepsilon^* \rangle$表示能够发生反应的一个分子所具有的平均能量，$\langle \varepsilon \rangle$为一个分子的平均能量。

自 Arrhenius 提出活化能的概念之后，人们对化学反应速度的研究逐渐从单纯实验为基础的纯经验式的归纳规律，走上理论研究的阶段。在动力学发展史上先后出现了威廉·刘易斯（W·C·M·Lewis）提出的碰撞理论和艾琳（Eyring）与波兰尼（Polanyi）提出的过渡状态理论，在这两个理论中，各有一个与活化能 E_a 的物理意义相似但本质又有所区别的理论，即活化能概念——临界能（或阈能）和势能垒。

威廉·刘易斯的碰撞理论建立在分子运动论的基础上，利用钢球模型计算了双分子基元反应的速度，提出了临界能（或阈能）E_c 的概念，推导出了与阿伦尼乌斯指数形式相似的形式。

$$k = AT^{\frac{1}{2}} \exp\left(-\frac{E_c}{RT}\right) \tag{2-4}$$

并得出

$$E_a = E_c + \frac{1}{2}RT \tag{2-5}$$

碰撞理论明确了指前因子 A 即为频率因子。由上式可知，当温度不太高的情况下，$E_c \gg (1/2)RT$，此时 $E_a \approx E_c$。碰撞理论还给出了 E_c 明确的物理意义：反应物分子碰撞时，质心连线上相对移动能所具有的最低能值。按照经典碰撞理论，活化能的本质是克服分子碰撞时的相对平动能的阈值。

1935 年，基于统计力学和量子力学视角，艾琳和波兰尼提出的过渡状态理论认为在分子生成产物分子过程中，会经历形成活化络合物的过渡状态，而要形成该过渡态必须具备一定的能量值，反应物分子与活化络

合物状态间转化存在着平衡。对于简单的双分子反应 A+B→P, k 与 T 的关系为

$$k(T) = \lambda \frac{k_B T}{h} \frac{Q^*}{Q_A Q_B} \exp\left(-\frac{E_b}{RT}\right) \qquad (2\text{-}6)$$

式中，λ 为过渡系数，表示在已跨越势垒的体系中实际能达到产物区的体系所占的分率，k_B 是 Boltzmann 常数；h 是 Planck 常数，Q_A、Q_B、Q^* 分别是反应物 A、B 及活化络合物的配分函数。E_b 是基态的活化络合物分子与基态的反应物分子的能量差，叫作能垒。如果知道配分函数与温度的关系，可得

$$k(T) = AT^m \exp\left(-\frac{E_b}{RT}\right) \qquad (2\text{-}7)$$

进一步可得活化能：

$$E_a = E_b + mRT \qquad (2\text{-}8)$$

也就是说，按过渡态理论，活化能的本质是克服一个能垒。如图 2.1 所示为过渡态理论图示，其形象地说明了这个过程。

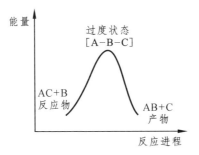

图 2.1　过渡态理论图示

活化能的物理内涵，分别由分子碰撞理论和建立在统计力学、量子力学和物质结构之上的活化络合理论所诠释。在这两个理论中，各有一个与

活化能物理意义相似但本质又有所区别的理论，即活化能概念——临界能（或阈能）和势能垒。图2.2为几个与活化能相关的物理量示意图。反应势能面上的能（位）垒、态-态反应的临界（阈）能、活化内能、Eyring 理论的活化焓等物理量，与 Arrhenius 活化能既有联系也有本质上的区别。图2.3为基于碰撞理论与过渡态理论的活化能求解过程示意图。

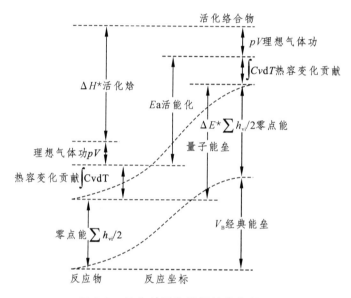

图 2.2　几个与活化能相关的物理量

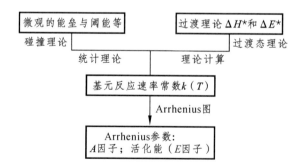

图 2.3　基于碰撞理论与过渡态理论的活化能求解过程

2.2　活化能的求取方法

自从 Arrhenius 提出活化能的概念之后,如何获取某一具体反应的活化能这一研究吸引了诸多学者的眼光,经过 100 多年的发展,对物质进行热分析成为获取活化能的有效方法之一。

假设物质反应过程仅取决于转化率 α 和温度 T,这两个参数是相互独立的,在不定温、非均相反应的动力学方程可以表示为式(2-9)

$$\frac{\mathrm{d}\alpha}{\mathrm{d}t} = f(\alpha)k(T) \tag{2-9}$$

式中, t 为时间, $k(T)$ 为速率常数的温度关系式, $f(\alpha)$ 为反应机理函数。在线性升温时,通过温度与时间的转化,式(2-9)可以转化为

$$\frac{\mathrm{d}\alpha}{\mathrm{d}T} = \frac{1}{\beta} f(\alpha)k(T) \tag{2-10}$$

$$\beta = \frac{\mathrm{d}T}{\mathrm{d}t} \tag{2-11}$$

式中, $\mathrm{d}T/\mathrm{d}t$ 为升温速率,在大多数试验中,升温速率是个定值。方程(2-9)是反映动力学在等温和非等温过程中最基本的方程,其他所有的方程都是在这个方程的基础上推导出来的。

将 Arrhenius 方程代入式(2-9)可得非均相体系在非定温条件下常用动力学方程式。

$$\frac{\mathrm{d}\alpha}{\mathrm{d}T} = \left(\frac{A}{\beta}\right)\exp\left(-\frac{E_a}{RT}\right)f(\alpha) \tag{2-12}$$

1. 等转化率法

在现在的处理数据的各种方法中,等转化率法得到了广泛的应用。它的主要方法是:对于同一种物质的同种反应,在不同的升温速率下进行实验,如 β_1 、 β_2 ……最终就可以得到一组关于 α 和 T 的曲线。在图中选定一

个 α，以它作水平线，这一水平线和曲线相交，交点为（α_1，T_{11}）、（α_1，T_{12}）……与它们对应的升温速率是 β_1、β_2……。再选定一个 α 重复上面的过程，就可得到另外一组数据（α_2，T_{21}）、（α_1，T_{22}）……。

与它们对应的升温速率仍然是 β_1、β_2……且式（2-12）可变形为

$$\frac{\mathrm{d}\alpha}{f(\alpha)} = \frac{A}{\beta}\exp\left(-\frac{E_\mathrm{a}}{RT}\right)\mathrm{d}T \qquad (2\text{-}13)$$

对于 β_1 的曲线，对式（2-13）两边进行积分可得

$$\int_{\alpha_1}^{\alpha_2}\frac{\mathrm{d}\alpha}{f(\alpha)} = \frac{A}{\beta_1}\int_{T_1}^{T_2}\exp\left(-\frac{E_\mathrm{a}}{RT}\right)\mathrm{d}T \qquad (2\text{-}14)$$

对于 β_2 的曲线，对式（2-14）两边进行积分可得

$$\int_{\alpha_1}^{\alpha_2}\frac{\mathrm{d}\alpha}{f(\alpha)} = \frac{A}{\beta_2}\int_{T_1}^{T_2}\exp\left(-\frac{E_\mathrm{a}}{RT}\right)\mathrm{d}T \qquad (2\text{-}15)$$

将式（2-14）与式（2-15）相减就可将 $\int_{\alpha_1}^{\alpha_2}\frac{\mathrm{d}\alpha}{f(\alpha)}$ 去掉，这样就可避免反应机理函数的求取。

2. 静态法

静态法是在恒温恒压条件下测量反应的速率方程及速率常数与温度的关系。静态法是在恒温恒压的条件下进行测量，也就是方程（2-9）中的 $k(T)$ 是个恒定的值，它不随时间的变化而变化，这样在对方程（2-9）进行计算时，$k(T)$ 就是定值，即

$$k(T) = C \qquad (2\text{-}16)$$

式中，C 为常数。

在具体处理时，可以用以下两种方法进行：

反应机理函数已知，例如对于一级反应，对方程（2-13）进行积分：

$$\int_0^\alpha \frac{\mathrm{d}\alpha}{f(\alpha)} = k(T)t \qquad (2\text{-}17)$$

用 Arrhenius 公式来描述 $k(T)$，可得到

$$\int_0^\alpha \frac{\mathrm{d}\alpha}{f(\alpha)} = A\exp\left(-\frac{E}{RT}\right)t \qquad （2\text{-}18）$$

因为 α 和 t 已知，反应机理函数 $f(\alpha)$ 也是已知的，只要取两组不同的 α 和 t 就可以求出活化能 E 和指前因子 A。

反应机理函数未知，同样对方程（2-9）积分可得

$$\int_0^\alpha \frac{\mathrm{d}\alpha}{f(\alpha)} = k(T)t \qquad （2\text{-}19）$$

在反应温度为 T_1 时，选定反应转化率 α 与它对应的时间是 t_1，上述方程将变为

$$\int_0^\alpha \frac{\mathrm{d}\alpha}{f(\alpha)} = k(T_1)t_1 \qquad （2\text{-}20）$$

在反应温度为 T_2 时，选定反应转化率 α 与它对应的时间是 t_2，上述方程将变为

$$\int_0^\alpha \frac{\mathrm{d}\alpha}{f(\alpha)} = k(T_2)t_2 \qquad （2\text{-}21）$$

因为是同一个反应，反应函数 $f(\alpha)$ 是一样的，当反应的转化率也是一样的，那么 $\int_0^\alpha \dfrac{\mathrm{d}\alpha}{f(\alpha)}$ 就是相等的，将两式相减就可得到

$$k(T_1)t_1 = k(T_2)t_2 \qquad （2\text{-}22）$$

这样就可以求出反应的活化能。

　　静态法的优点是实验和仪器简单，其缺点是实验量大、实验周期长。静态法最大特点是在恒定条件下进行测量。静态法的动力学统计是简单的，但是大多数反应往往伴有热效应，其反应过程中不是等温的，所以静态法是具有很大局限性的。

3. 微分法

微分法主要是对方程（2-9）进行微分得到

$$\beta \frac{\mathrm{d}\alpha}{\mathrm{d}T} = A\exp\left(-\frac{E_{\mathrm{a}}}{RT}\right)f(\alpha) \qquad （2\text{-}23）$$

之后再对它进行处理，有的是对它取对数，有的是对它进行微分。无论是采取何种形式的变换，在最终处理时，都要面对一个问题，那就是 $\mathrm{d}\alpha/\mathrm{d}T$ 的求算问题。大部分学者采用的是 $\dfrac{\Delta\alpha}{\Delta t}$ 来代替 $\mathrm{d}\alpha/\mathrm{d}T$ 的方法。这个方法的不足是在具体处理数据时，我们希望 $\Delta\alpha$ 和 Δt 越小越好，只有这样它才能更加接近 $\mathrm{d}\alpha/\mathrm{d}T$，但是，它们越小，在实验上的误差却越大，越小测量也越困难。除此之外，还会给后面的数据带来误差。

4. 积分法

积分法主要是对方程（2-13）进行积分，得到

$$\int_0^\alpha \frac{\mathrm{d}\alpha}{f(\alpha)} = \frac{A}{\beta}\int_{T_0}^T \exp\left(-\frac{E_{\mathrm{a}}}{RT}\right)\mathrm{d}T \qquad （2\text{-}24）$$

这种方法存两个问题：一是 $\int_{T_0}^T \exp\left(-\dfrac{E_{\mathrm{a}}}{RT}\right)\mathrm{d}T$ 这个温度积分无简单的解析式，因而各种积分法对它进行了近似计算，这些估算都不是十分精确；二是大多数的方法都假设 $\int_0^{T_0} \exp\left(-\dfrac{E_{\mathrm{a}}}{RT}\right)\mathrm{d}T = 0$，这样做会给结果带来误差。

5. 动态法

动态法可以看成是多个静态法实验的总结，而且它比静态法工作量小，还可以提供更加丰富的信息，更加真实的化学反应过程。用动态法研究动力学过程有以下几个优点：① 只要少量的实验样品；② 能在反应开始到

结束的整个温度范围内连续计算动力学参数；③ 等温法必须把样品升到一定温度并有明显的反应才可测定，这样的结果往往令人怀疑，而动态法则无此问题；④ 只需要一个样品；⑤ 节省时间。因此，动态法被广泛地用于研究热分析动力学。

6. Flynn–Wall–Ozwa 法

$$\lg \beta = \lg\left(\frac{AE_a}{RG(\alpha)}\right) - 2.315 - 0.456\,7\frac{E}{RT} \qquad (2\text{-}25)$$

一方面，由不同升温速率下的β_i各峰顶温度T_{pi}处各α值近似相等，因此在 $0 \sim \alpha_p$ 范围内值 $\lg[AE_a/RG(\alpha)]$ 都是相等的，因此可用$(\lg\beta) - (1/T)$呈线性关系来确定E_a的值。另一方面，由不同的升温速率下的β_i选择相同的转化率，则$G(\alpha)$是一个恒定值，这样$(\lg\beta) - (1/T)$就呈线性关系，从斜率可求得E_a。

7. Kissinger 法

$$\ln\left(\frac{\beta_i}{T_{pi}^2}\right) = \ln\left(\frac{A_k R}{E_k}\right) - \frac{E_k}{R}\frac{1}{T_{pi}} \qquad (2\text{-}26)$$

假定在曲线峰顶温度 T_{pi} 处反应速率最大，那么在温度 T_{pi} 处有 $d(d\alpha/dt)/dt = 0$，且假设 $n(1 - \alpha_p)^{n-1}$ 与β无关，这样在不同程序升温速率β下测定一组热失重曲线，得到相应的一组 T_{pi}，以 $\ln(\beta_i/T_{pi}^2)$ 对 $1/T_{pi}$ 作图可得到一条直线，从该直线斜率可计算活化能。

2.3　活化能在表征绝缘体特性的应用

目前，针对绝缘老化的研究主要集中在局部放电和介电性能等宏观电气参量上，但这些传统分析方法在辨识绝缘材料的潜伏性缺陷以及突发性绝缘故障方面存在局限性。绝缘材料在运行环境下会发生有氧热裂解或者无氧热裂解等多种化学反应，分子链不断分解重组，材料内部的分子结构受到破坏，导致绝缘性能下降。绝缘热老化实质上是在较高温度下发生的一系列以聚合链断裂为主的化学反应。实际上，绝缘寿命反映的就是某些化学反应的速度问题，反应速度越慢则寿命越长，反之越短。而反应速度问题属于热动力学范畴，可通过动力学参数来表达，因此，材料热动力学参数与其寿命存在定量关系。基于该研究思路，学者们分别从不同层面考虑老化的本质并提出相应的寿命表征方法。

Dakin 等学者首次提出电气绝缘材料的老化服从化学反应速度定律，从反应动力学角度解释了绝缘寿命与温度的关系，并用实验证明了材料对数寿命与运行温度倒数呈线性关系。Lewis 则认为老化的本质是聚合物绝缘材料的化学键断裂和内部结构改变，分子的热运动导致了分子化学键的断裂，其反应速率主要由活化能决定。另外还须考虑到高场强条件下材料内部会出现电机械应力并加速分子的热运动。

基于目前的模型和上述研究进展，可借鉴其有益成果，利用活化能这一材料本征属性来评估绝缘材料的剩余寿命。

第 3 章 基于活化能分析的
盆式绝缘子老化实验研究

　　电力设备绝缘老化过程，就是设备在运行环境的热能量或电磁能量注入下，绝缘体被激发的自由电子或基团增加的累积过程。绝缘热老化是指，在设备长期运行中产生的热量导致绝缘材料的物理和化学特性发生变化，最终导致其老化。温度对绝缘材料的多种性能有很大的影响，包括电气性能、机械性能、化学反应速率等。特别是在温度高于一定程度时，绝缘材料特性会发生本质的变化。通常热老化是在热和氧的共同作用下进行，早期绝缘材料上会生成过氧化物，进而分解产生自由基，随后引发一系列的氧化和断链化学反应，使得分子量下降，含氧基团溶度增加，低分子产物不断挥发，结晶度不断改变。随着材料内部结构的变化，其电气参量和机械参量等宏观参量也逐渐下降。

　　绝缘电老化是指，在长时间的电场作用下，绝缘内部或者表面发生的物理和化学性能的变化，进而导致的绝缘老化。电老化与许多现象有关，如绝缘击穿、局部放电、电树枝等，具有复杂的反应机理。

　　本章以 GIS 设备中最关键的绝缘部件盆式绝缘子为例，开展基于活化能分析的盆式绝缘子老化实验研究，通过对盆式绝缘子进行热老化的方式进行试验研究，获得反映绝缘子微观性能的活化能变化特征，探索以活化能为基础的分析方法表征绝缘体热老化过程的性能变化，建立绝缘体活化能与其性能的关系，进而研究绝缘体的寿命预测方法。

　　在活化能求取方法中，目前常用热失重分析（Thermo Gravimetric Analysis，TGA）方法和频域介电谱测试分析方法。热失重分析是一种控制试样温度和升温速率的情况下，测量样品的质量随着温度的变化曲线的技术，研究试验样品的热稳定性，并通过分析计算，得到样品的表征活化能。频域介电谱测试分析方法是频域介电谱测试分析在某种弛豫占主导地位的特征频段，可把温度对弛豫时间 τ 的影响，映射到温度对特征频段的影响上。大量实验数据表明，在电介质微观结构没有出现明显变化的温度范围内，介电响应曲线的形状变化很小，因此，由不同温度下介电谱曲线的平移量和温度的关系可以获得该弛豫类型的松弛活化能。

3.1 老化实验与样品特性分析

3.1.1 样本制备与老化实验

GIS 设备中盆式绝缘子主要由环氧树脂材料构成，其材料切片可采用两种方式来制作：一是根据盆式绝缘子制造工艺，直接由生产厂家制作指定大小的环氧树脂薄片试样，用于开展老化实验；二是采用实际尺寸或缩比尺寸绝缘子开展老化实验后，使用打孔器、切片机等设备自行制作圆片型切片试样，通过切片对老化后的绝缘子活化能开展测试。

老化实验在 150 ℃、170 ℃、200 ℃ 共 3 个温度下进行。老化实验开始前，将 36 个样品分成 3 组，编号为 1 ~ 12 的样品放入温度为 150 ℃ 的烘箱，编号为 13 ~ 24 的样品放入设定温度为 170 ℃ 的烘箱，编号为 25 ~ 36 的样品放入设定温度为 200 ℃ 的烘箱，根据 IEC 60811-1 对老化实验的规定，设定老化时间为 48 h、96 h、240 h、312 h、360 h 和 408 h。实验用的老化箱如图 3.1 所示。

（a）

（b）

图 3.1　老化箱

3.1.2　老化实验样本分析

　　材料老化后的理化性能可在一定程度上表征其劣化程度，进一步揭示本征属性活化能随老化时间的变化。如图 3.2 所示为 3 种老化温度下同时老化相同时间后的样品。从外观上看可以看出，环氧树脂试样随着老化时间、老化温度的增加，颜色都是逐渐加深，不同的是在温度越高的情况下，其加深的程度越为明显。整个环氧外观颜色变化大致经历白—浅黄—黄—棕—黑色的过程。可以发现，在 200 ℃ 下老化的样品，在同一时间，比其他两个温度下样品的颜色都略深，老化时间越长，其逐渐呈现黑色。

（a）150 ℃

（b）170 ℃

（c）200 ℃

图 3.2 3 种温度下的环氧树脂老化样品

老化前将测试编号样品的初始质量,然后在老化时间分别达到48 h、96 h、240 h、312 h、360 h、408 h 时，取出样品，待冷却后利用电子天平称其质量，记录每个样品老化后的质量，根据式（3-1），求出其质量损失：

$$\eta_{mi} = \frac{m_0 - m_i}{m_0} \qquad (3\text{-}1)$$

式中，m_0 为试样初始质量；m_i 为老化后的试样质量； η_{mi} 为该样品的质量损失；下标 i 为试样编号。

如表 3.1 ~ 表 3.3 所示为 3 种温度下环氧树脂样品在不同老化时间下样品质量。计算得到的 3 种老化温度在同一老化时间下样品的质量损失率结果如表 3.4 所示。

表 3.1 150 ℃ 下环氧树脂样品在不同老化时间下的质量

老化时间/h	48	96	240	312	360	408
初始质量/g	9.095 5	9.171	9.149 9	9.112 2	9.318 7	9.049 9
老化后质量/g	9.086 8	9.161 2	9.139 7	9.101 1	9.306 5	9.042 6

表 3.2　170 ℃ 下环氧树脂样品在不同老化时间下的质量

老化时间/h	48	96	240	312	360	408
初始质量/g	9.128 3	9.075 3	8.945 7	8.902 9	9.431 8	9.123 6
老化后质量/g	9.119 2	9.063 2	8.931 7	8.888 5	9.415 2	9.101 2

表 3.3　200 ℃ 下环氧树脂样品在不同老化时间下的质量

老化时间/h	48	96	240	312	360	408
初始质量/g	8.922 7	9.194	9.029 8	9.544 1	9.431 8	9.088 2
老化后质量/g	8.909 6	9.138 2	8.965	9.452	9.330 4	8.970 3

表 3.4　三种温度下环氧树脂样品在不同老化时间的质量损失率

老化时间/h	质量损失率/%		
	150 ℃	170 ℃	200 ℃
0	0	0	0
48	0.095 65	0.099 69	0.146 82
96	0.106 86	0.133 33	0.606 92
240	0.111 48	0.156 5	0.717 62
312	0.121 81	0.161 75	0.964 99
360	0.130 92	0.176 00	1.074 88
408	0.157 59	0.245 52	1.296 32

　　根据表 3.4 中的结果绘制出质量损失率随着老化时间的变化曲线，如图 3.3 所示。由图 3.3 可知，质量损失率随着老化时间的增长而逐渐增加，并且老化时间越长，质量损失得越快。并且老化温度不同，质量损失率变化不同，同一时间下，温度越高，质量损失率越大，并且质量损失率增长的幅度也越大。在老化刚开始的 48 h 中，150 ℃、170 ℃ 下的质量损失率变化并不明显，而在 200 ℃ 下，刚开始的质量损失率的变化就远高于其他两个温度。而当老化时间进行到 240 h 后，200 ℃ 下的样品的质量损失率

的增长幅度远高于其他两个温度，并且一直呈抖动上涨的趋势。而在150 ℃、170 ℃下，当老化时间达到 360 h 后，才逐渐呈现质量损失率大幅上涨的现象。当老化时间达到 408 h 时，200 ℃下的质量损失率接近刚老化时的 10 倍，而另外两个温度下，质量损失率只是刚开始的 1 ~ 2 倍。

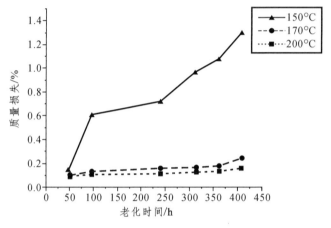

图 3.3　质量损失率随老化时间的变化曲线

可以看出：老化开始阶段，环氧树脂内由于水分和其他小分子的挥发，导致了最开始不太明显的质量损失；而随着老化时间逐渐的增加，试样进一步发生交联反应产生了游离酸等小分子，这些小分子由于高温的存在导致其挥发从而引起质量下降；随着老化的进一步进行，试样发生氧化分解反应，加剧了其质量损失；到后来由于环氧内大分子的裂解，以及老化时间和温度两个因素共同作用，加速了试样内部的化学反应，导致样品快速分解，从而出现了越接近老化后期，质量损失越快的现象。在不同老化温度下，环氧树脂的裂解效果不同，初期的环氧树脂经历短时的老化，内部大分子并未完全解裂。而当初始老化温度越高，在经历同样的老化时间下，环氧到达其解裂转折点的速度就越快，这就导致出现图 3.3 中 200 ℃下环氧质量损失率的大幅增长点较其他两个温度都出现得早。

3.2　热失重分析

3.2.1　热失重实验设置

（1）采用瑞士梅特勒-托利多公司生产的 TGA/DSC 3⁺同步热分析联用仪（如图 3.4 所示）进行测试，实验前控制阀门出口压力为 0.1 MPa，通入高纯氮气 30 min，以将炉中的气体排尽。

（2）量取质量为 10 mg 的被测样品置于 70 μL 氧化铝坩埚，轻敲坩埚使样品充分接触。

（3）分别设置 5 K/min、10 K/min、15 K/min、20 K/min、25 K/min 的升温速率，升高炉中温度至 800 ℃，用计算机记录样品质量随温度的变化数据。

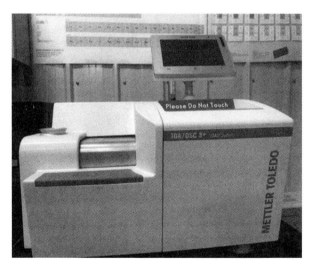

图 3.4　TGA/DSC 3⁺同步热分析联用仪

重复上述过程，可获得多组盆式绝缘子材料样本的热失重曲线（TG），以及曲线的一阶微分曲线（DTG），分别如图 3.5 和图 3.6 所示。

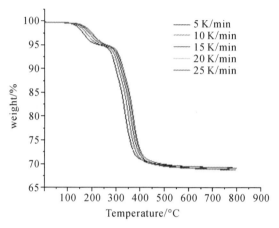

图 3.5　盆式绝缘子的 TG 曲线

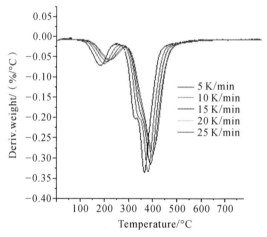

图 3.6　盆式绝缘子的一阶 DTG 曲线

由图 3.5 和图 3.6 可知，升温速率对盆式绝缘子的 TG 曲线影响较大。随着升温速率提高，TG 曲线向高温方向推移，其原因在于：试样温度升高主要依靠介质、坩埚与试样之间的热传递，加热的坩埚和试样间形成的温差致使试样内部出现了温度梯度，而试样的温差效应随着升温速率的提高而增强。随着升温速率的提高，试样的起始分解温度、终止分解温度和峰值温度相应增加，但试样的 5 条热失重曲线大致相似。再者，典型的热失重曲线具有两个明显的台阶，台阶 I 的质量损失约占总质量损失的 5%，其反应速率最大值对应的温度在 210 ~ 250 °C 之间；台阶 II 的质量损失约占总质量损失的 65%，其反应速率最大值对应的温度在 360 ~ 400 °C 之间。这些热失重曲线为计算材料活化能提供了基本依据。

3.2.2　热失重分析试验

热失重分析（Thermogravimetric Analysis，TGA）是一种通过电脑程序控制温度和升温速率的情况下测量待测样品的质量随着温度的变化曲线的技术，主要用于研究试验材料的热稳定性。本书基于不同环氧树脂复合材料的热失重分析数据，计算得到环氧树脂的活化能。本书使用梅特勒-托利多公司生产的 TGA/DSC 3+ 来进行试验样品的热失重分析。内置校准砝码可确保称量的准确性，由于平行导向天平的作用，样品的位置不会影响其重量测量，动态称重范围 1 ~ 5 g，天平分辨率 0.1 μg，称重精度 0.002 5%。具体操作：实验前控制阀门的出口压力为 0.1 MPa，先向设备通入氮气作为保护气体，确保流经天平的保护气体以至少 20 mL/min 的流速持续流动，通氮气 30 min，以便将仪器中的气体排尽。同时打开恒温水浴槽电源，半小时后打开主机电源，将试验样品裁剪成直径 < 5 mm 的块状固体，称取 10 mg 的被测样品放入 70 μL 的氧化铝坩埚中，设置好升温速率之后开始测试。本实验中，每种样品均做 5 次实验，炉中温度从室温升至 800 °C，升温速率分别为 5 °C/min、10 °C/min、15 °C/min、20 °C/min、25 °C/min，用计算机记录样品的剩余质量随炉内温度的变化曲线。

纯环氧树脂的热失重曲线（TG），以及该曲线的一阶微分曲线（DTG）分别如图 3.7 和图 3.8 所示。据图可知，随着升温速率的提高，TG 曲线向右（高温方向）平移，规律与前文所述一致。掺杂纳米颗粒后，环氧树脂的 TG 曲线和 DTG 曲线的基本趋势并没有发生变化，样品的初始分解温度略有不同。

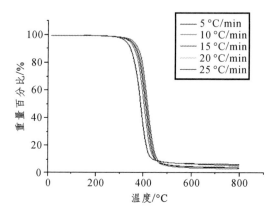

图 3.7　环氧树脂的 TG 曲线

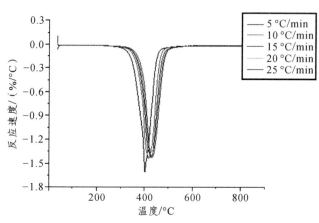

图 3.8　环氧树脂的一阶 DTG 曲线

假设高分子物质的反应过程仅取决于转化率 α 和温度 T,则动力学方程可以表示为如下形式

$$\frac{\mathrm{d}\alpha}{\mathrm{d}t} = f(\alpha)k(T) \tag{3-2}$$

式中，t 为时间，$k(T)$ 为速率常数随温度变化的关系式，$f(\alpha)$ 为反应机理函数。在炉体内线性升温时，通过温度与时间的转化，式（3-2）可以转换为

$$\frac{d\alpha}{dT} = \frac{1}{\beta} f(\alpha)k(T) \tag{3-3}$$

$$\beta = \frac{dT}{dt} \tag{3-4}$$

式中，$\beta = dT/dt$ 为试验中的升温速率，在大多数实验中，升温速率是一个定值。

动力学方程式中的速率常数 $k(T)$ 与温度 T 有着紧密的联系，如式（3-5）所示：

$$k = A\exp\left(-\frac{E}{RT}\right) \tag{3-5}$$

将式（3-4）代入式（3-2）可得到非均相体系在非定温条件下常用的动力学方程：

$$\frac{d\alpha}{dT} = \left(\frac{A}{\beta}\right)\exp\left(-\frac{E_a}{RT}\right)f(\alpha) \tag{3-6}$$

结合试验样品的 TG 曲线和 DTG 曲线，并对式（3-3）进行一系列数学变换，就可以求得样品的活化能。

为表征不同纳米填料对环氧树脂复合材料活化能的影响，针对 SiC/Epoxy、蒙脱土+TiO$_2$/Epoxy 分别在氮气氛围中进行了热失重实验，并利用 Kissinger 法计算了不同复合材料的活化能。加入纳米填料之后，环氧树脂复合材料的活化能随着纳米粒子含量的增加呈现先增大后减小的趋势。当填料的含量较低时，由于纳米 SiC 的比表面积大、蒙脱土的片层结构等，填料均在一定程度上阻碍了其周围环氧树脂分子的运动和分解，可有效调控环氧树脂复合材料的耐热性能，提高复合材料的热稳定性，缓解

其电-热老化过程。但是当填料含量较大时，纳米颗粒出现团聚现象，对环氧分子运动的抑制作用减弱，复合材料整体的耐热性能降低，活化能减小。掺杂纳米 SiC 后，复合绝缘材料活化能的最高值是纯环氧树脂的 2 倍；掺杂蒙脱土和纳米 TiO_2 后，复合材料活化能的最高值是纯环氧树脂的 1.6 倍。纳米 SiC/Epoxy 的活化能和蒙脱土+纳米 SiC/Epoxy 的活化能分别如图 3.9 和图 3.10 所示。

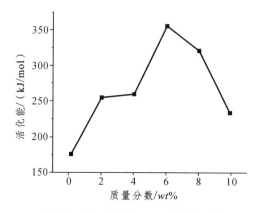

图 3.9　纳米 SiC/Epoxy 的活化能

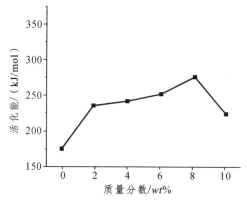

图 3.10　蒙脱土+纳米 TiO₂/Epoxy 的活化能

盆式绝缘子的一阶 DTG 曲线如图 3.11 所示。

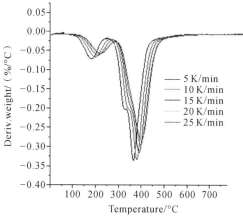

图 3.11　盆式绝缘子的一阶 DTG 曲线

3.2.3　盆式绝缘子的活化能求解

1. 不同气氛条件下的盆式绝缘子的活化能

针对同一厂家生产的盆式绝缘子样本，分别在氮气气氛和空气环境下进行了热失重分析，不同的气氛条件下盆式绝缘子的 TG 曲线及一阶 DTG 曲线如图 3.12～图 3.15 所示。由图可知，盆式绝缘子在空气中的热失重曲线明显分为 3 个失重阶段。

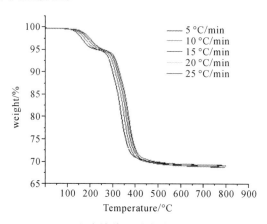

图 3.12　盆式绝缘子在氮气中的 TG 曲线

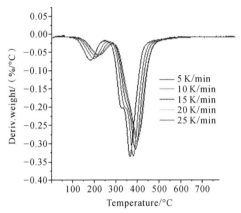

图 3.13　盆式绝缘子在氮气中的一阶 DTG 曲线

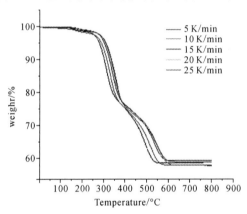

图 3.14　盆式绝缘子在空气中的 TG 曲线

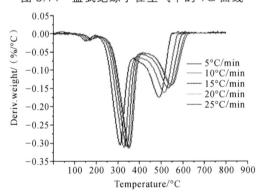

图 3.15　盆式绝缘子在空气中的一阶 DTG 曲线

通过 TG 曲线和 DTG 曲线获得不同升温速率下的热失重曲线峰值温度如表 3.5 所示，基于 Flynn-Wall-Ozwa 法和 Kissinger 法求取活化能拟合曲线如图 3.16~图 3.19 所示。不同气氛条件下活化能的数值如表 3.6 所示。

表 3.5　不同升温速率下热失重曲线峰值温度

升温速率		5 °C/min	10 °C/min	15 °C/min	20 °C/min	25 °C/min
氮气	第一峰	211.23 °C	222.22 °C	232.09 °C	237.35 °C	244.98 °C
	第二峰	368.00 °C	381.14 °C	389.48 °C	395.55 °C	397.95 °C
空气	第一峰	197.92 °C	209.15 °C	215.76 °C	222.65 °C	226.75 °C
	第二峰	345.46 °C	362.35 °C	372.67 °C	380.04 °C	384.67 °C
	第三峰	511.55 °C	534.58 °C	552.27 °C	560.94 °C	566.00 °C

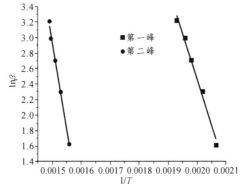

图 3.16　氮气气氛下 F-W-O 法拟合曲线

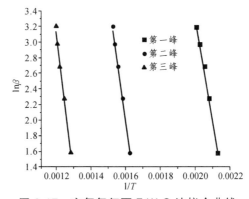

图 3.17　空气气氛下 F-W-O 法拟合曲线

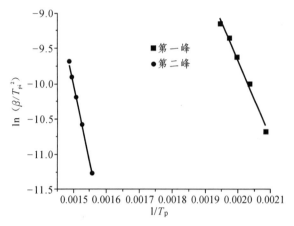

图 3.18　氮气气氛下 Kissinger 法拟合曲线

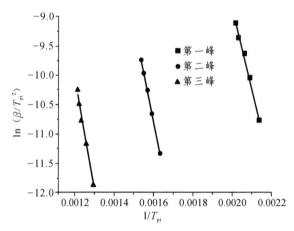

图 3.19　空气气氛下 Kissinger 法拟合曲线

表 3.6　不同气氛条件下活化能的数值

不同气氛条件		第一峰	第二峰	第三峰
氮气	F-W-O 法	95.04 kJ/mol	177.25 kJ/mol	
	Kissinger 法	91.62 kJ/mol	175.49 kJ/mol	
空气	F-W-O 法	103.42 kJ/mol	129.02 kJ/mol	148.35 kJ/mol
	Kissinger 法	100.69 kJ/mol	126.66 kJ/mol	142.52 kJ/mol

2. 不同生产厂家盆式绝缘子的活化能

为表征不同的环氧树脂、促进剂及填料的添加比例和固化工艺对盆式绝缘子活化能的影响，针对 4 个生产厂家的盆式绝缘子分别在氮气环境条件进行热失重实验。为了区分不同生产厂家盆式绝缘子的活化能，选取热失重曲线失重速率最大的点所对应的温度下的活化能作为表征不同生产厂家的工艺的差异性。其拟合相关曲线如图 3.20 ~ 图 3.35 所示。由图 3.20 ~ 图 3.35 获得不同生产厂家盆式绝缘子热失重速率最大的点所对应的温度如表 3.7 ~ 表 3.10 所示。不同生产厂家盆式绝缘子的活化能如表 3.11 所示。

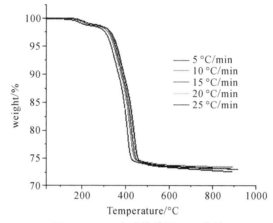

图 3.20　A 盆式绝缘子 TG 曲线

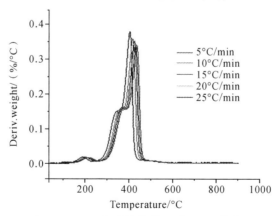

图 3.21　A 盆式绝缘子一阶 DTG 曲线

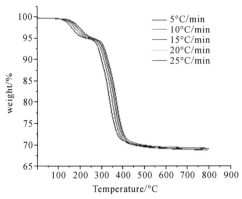

图 3.22 B 盆式绝缘子 TG 曲线

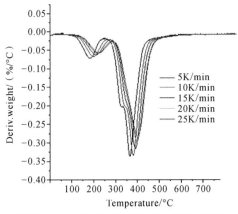

图 3.23 B 盆式绝缘子一阶 DTG 曲线

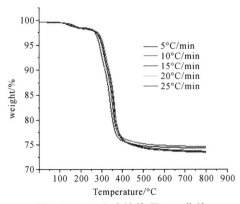

图 3.24 C 盆式绝缘子 TG 曲线

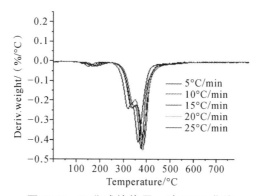

图 3.25　C 盆式绝缘子一阶 DTG 曲线

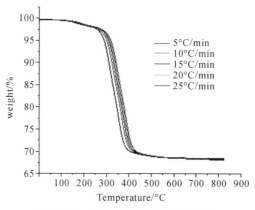

图 3.26　D 盆式绝缘子 TG 曲线

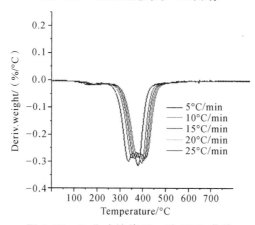

图 3.27　D 盆式绝缘子一阶 DTG 曲线

表 3.7　A 盆式绝缘子最大失重速率峰值温度

升温速率	$T_p/(℃)$	T_p/K
β_1=5 ℃/min	407.83	680.98
β_2=10 ℃/min	420.54	693.69
β_3=15 ℃/min	428.34	701.49
β_4=20 ℃/min	434.04	707.19
β_5=25 ℃/min	438.51	711.66

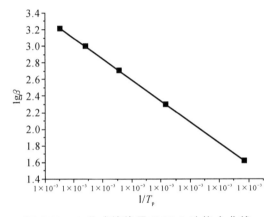

图 3.28　A 盆式绝缘子 F-W-O 法拟合曲线

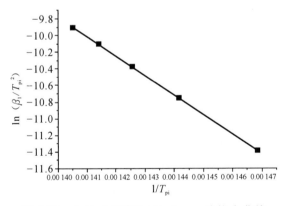

图 3.29　A 盆式绝缘子 Kissinger 法拟合曲线

表 3.8　B 盆式绝缘子最大失重速率峰值温度

升温速率	$T_p/(\,^\circ\mathrm{C}\,)$	T_p/K
β_1=5 °C/min	368.00	641.15
β_2=10 °C/min	381.14	654.29
β_3=15 °C/min	389.48	662.63
β_4=20 °C/min	395.55	668.70
β_5=25 °C/min	397.95	671.1

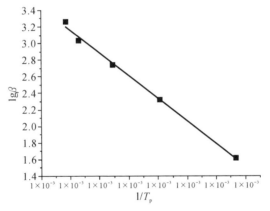

图 3.30　B 盆式绝缘子 F-W-O 法拟合曲线

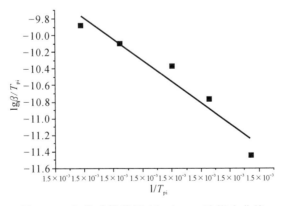

图 3.31　B 盆式绝缘子 Kissinger 法拟合曲线

表 3.9 C 盆式绝缘子最大失重速率峰值温度

升温速率	$T_p/$（℃）	T_p/K
$\beta_1=5 \text{ ℃/min}$	371.12	644.27
$\beta_2=10 \text{ ℃/min}$	389.01	662.16
$\beta_3=15 \text{ ℃/min}$	382.44	655.59
$\beta_4=20 \text{ ℃/min}$	387.40	660.55
$\beta_5=25 \text{ ℃/min}$	391.14	664.29

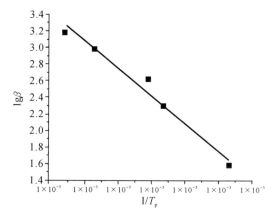

图 3.32　C 盆式绝缘子 F-W-O 法拟合曲线

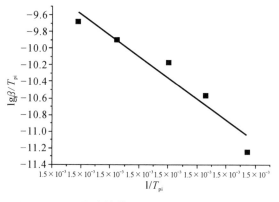

图 3.33　C 盆式绝缘子 Kissinger 法拟合曲线

表 3.10　D 盆式绝缘子最大失重速率峰值温度

升温速率	T_p/（℃）	T_p/K
β_1=5 ℃/min	373.35	646.50
β_2=10 ℃/min	387.50	660.65
β_3=15 ℃/min	394.01	667.16
β_4=20 ℃/min	398.80	671.95
β_5=25 ℃/min	402.08	675.23

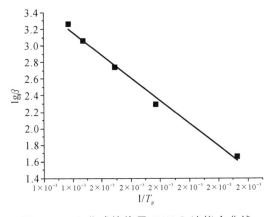

图 3.34　C 盆式绝缘子 F-W-O 法拟合曲线

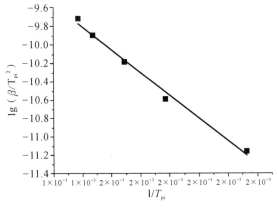

图 3.35　D 盆式绝缘子 Kissinger 法拟合曲线

表 3.11 不同生产厂家盆式绝缘子的活化能

方法	厂家			
	A	B	C	D
Kissinger	190.74 kJ/mol	177.25 kJ/mol	275.75 kJ/mol	192.23 kJ/mol
F-W-O	191.52 kJ/mol	175.47 kJ/mol	275.33 kJ/mol	191.45 kJ/mol

由表 3.11 所示的不同生产厂家盆式绝缘子活化能数值可以看出，不同厂家生产的盆式绝缘子因其加工工艺的不同以及所添加的填料不同，所计算的活化能的数值不一样，但同一厂家生产的盆式绝缘子通过 F-W-O 法和 Kissinger 法计算得到的活化能的数值基本一致。

3. 不同老化状态下盆式绝缘子活化能

为进一步表征老化对盆式绝缘子活化能的影响，针对不同老化状态下的盆式绝缘子开展了热失重实验，以两种老化状态下的盆式绝缘子为例说明老化对盆式绝缘子热失重曲线的影响。如图 3.36～图 3.40 所示分别为在 150 ℃ 温度条件下老化 72 h 和 144 h 的热失重曲线和一阶 DTG 曲线，以及活化能随老化时间变化规律。由图 3.36～图 3.40 的分析可知，老化会对盆式绝缘子的热失重曲线存在一定的影响，使得热失重曲线的最大失重速率点所对应的温度发生改变，并且由失重曲线所表现出的反应台阶也发生变化。

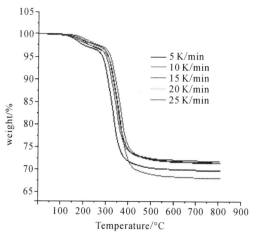

图 3.36 盆式绝缘子 150 ℃ 条件下老化 72 h 的 TG 曲线

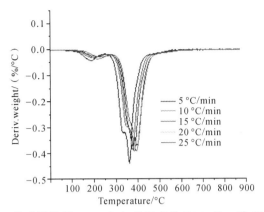

图 3.37　盆式绝缘子 150 ℃ 条件下老化 72 h 的一阶 DTG 曲线

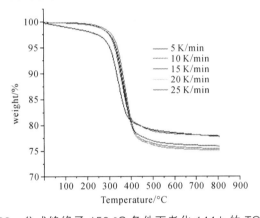

图 3.38　盆式绝缘子 150 ℃ 条件下老化 144 h 的 TG 曲线

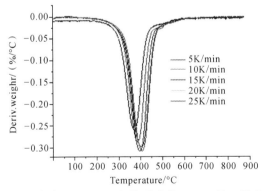

图 3.39　盆式绝缘子 150 ℃ 条件下老化 144 h 的一阶 DTG 曲线

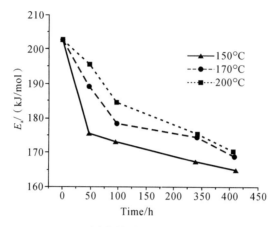

图 3.40　活化能随老化时间变化规律

第 4 章　盆式绝缘子的
反应机理函数研究

在固相反应中，反应机理函数可以用来描述特定的反应类型，并在数学上将其转化为速率方程。基于反应过程生长方式的不同，机理函数通常分为成核、几何收缩、扩散及级数反应几类。基于这些曲线的形状，反应机理函数可分为加速型、减速型、线性型和 S 形模型（也称自催化模型），如图 4.1 所示。

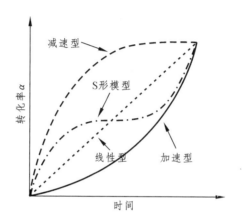

图 4.1 四类反应机理模型的特征 α-t 动力学曲线

由于固相反应的不均匀性，这些反应机理函数并不能有效描述实际的热解过程，特别是包含多种反应并行的热解过程。由此，本章开始寻求与环氧树脂样品实际热解更为相符的反应机理函数，以期获得更为合理的计算结果。

4.1 反应机理函数定义

动力学模式函数表示了物质反应速率与 α 之间所遵循的某种函数关系，代表了反应机理，直接决定了 TA 曲线的形状，它的相应积分形式被定义为

$$G(\alpha) = \int_0^\alpha \frac{\mathrm{d}\alpha}{f(\alpha)} \tag{4-1}$$

这些动力学模式函数都是设想在固相反应中，在反应物和产物的界面上存在一个局部反应的活性区域，而反应进程则是由这一界面的推进来进行表征，再按照控制反应速率的各种关键步骤，如产物晶核的形成和生长、相界面反应或是产物气体的扩散等分别推导出来。在推导过程中假设反应物颗粒具有规整的几何形状和各向同性的反应活性。

尽管这些动力学模式函数可以对许多固态物质的反应过程做出基本描述，但是由于非均相反应本身的复杂性，加上实际样品颗粒几何形状的非规整性和堆积的非规则性，以及反映物质物理化学性质的多变性，常常会出现实际的 TA 曲线与理想模型不相符合的情况。

由于动力学模式函数的正确与否对参数 E 和 A 的影响很大，因此，人们开始寻求与实际情况更为相符的动力学模式函数，以便提高所获结果的可靠性。其中，Sestak 提出在理想模式函数 $f(\alpha)$ 上引入一个"调节函数" $a(\alpha)$ 来代表真实的动力学模式函数 $h(\alpha)$，即

$$h(\alpha) = f(\alpha)a(\alpha) \tag{4-2}$$

使之尽可能地接近于真实的反应动力学行为。

对于更复杂的体系，可用 Sestak 和 Berggren 提出、后经 Gorbatchev 进一步简化的经验模式函数：

$$h(\alpha) = \alpha^m (1-\alpha)^n \tag{4-3}$$

方程 $h(\alpha) = \alpha^m (1-\alpha)^n$ 在文献中被称为 SB（m，n）动力学模式函数。式中的 m、n 被称为动力学模式指数，决定了 TA 曲线的形状。尽管作为一个经验模式的函数参数，方程中的 m、n 的物理意义不很明确，但是能更好地描述一些反应。

Malek 法是由定义函数 $y(\alpha)$ 和 $Z(\alpha)$ 确定 $f(\alpha)$ 或 $G(\alpha)$ 的一种较好的办法。由反应速率方程和 Coast-Redfern 方程知：

$$\frac{\mathrm{d}\alpha}{\mathrm{d}t} = A\exp\left(-\frac{E}{RT}\right)f(\alpha) \qquad (4\text{-}4)$$

$$\int_0^\alpha \frac{d\alpha}{f(\alpha)} = G(\alpha) = \frac{ART^2}{E\beta}\exp\left(-\frac{E}{RT}\right) \qquad (4\text{-}5)$$

$$G(\alpha) = \frac{RT^2}{E\beta}\frac{\mathrm{d}\alpha}{\mathrm{d}t}\frac{1}{f(\alpha)} \qquad (4\text{-}6)$$

$\alpha = 0.5$ 时，有

$$G(0.5) = \frac{RT_{0.5}^2}{E\beta}\left(\frac{\mathrm{d}\alpha}{\mathrm{d}t}\right)_{0.5}\frac{1}{f(0.5)} \qquad (4\text{-}7)$$

式中，$T_{0.5}$ 和 $\left(\dfrac{\mathrm{d}\alpha}{\mathrm{d}t}\right)_{0.5}$ 分别为 $\alpha = 0.5$ 时的温度和反应速率。

上述两式相除得

$$y(\alpha) = \left(\frac{T}{T_{0.5}}\right)^2 \frac{\left(\dfrac{\mathrm{d}\alpha}{\mathrm{d}t}\right)}{\left(\dfrac{\mathrm{d}\alpha}{\mathrm{d}t}\right)_{0.5}} = \frac{f(\alpha)\cdot G(\alpha)}{f(0.5)\cdot G(0.5)} \qquad (4\text{-}8)$$

式中，$y(\alpha)$ 称为定义函数。

常用的动力学机理函数 $f(\alpha)$ 和 $G(\alpha)$ 如表 4.1 所示。

表 4.1　常用的动力学机理函数

序号	$f(\alpha)$	$G(\alpha)$
1	$4(1-\alpha)\left[-\ln(1-\alpha)\right]^{\frac{3}{4}}$	$\left[-\ln(1-\alpha)\right]^{\frac{1}{4}}$
2	$3(1-\alpha)\left[-\ln(1-\alpha)\right]^{\frac{2}{3}}$	$\left[-\ln(1-\alpha)\right]^{\frac{1}{3}}$
3	$2(1-\alpha)\left[-\ln(1-\alpha)\right]^{\frac{1}{2}}$	$\left[-\ln(1-\alpha)\right]^{\frac{1}{2}}$
4	$\frac{3}{2}(1-\alpha)\left[-\ln(1-\alpha)\right]^{\frac{1}{3}}$	$\left[-\ln(1-\alpha)\right]^{\frac{2}{3}}$
5	1	α
6	$2(1-\alpha)^{\frac{1}{2}}$	$1-(1-\alpha)^{\frac{1}{2}}$
7	$(1-\alpha)^{\frac{2}{3}}$	$1-(1-\alpha)^{\frac{1}{3}}$
8	α^{-1}	$\frac{1}{2}\alpha^2$
9	$2(1-\alpha)^{\frac{1}{2}}\left[1-(1-\alpha)^{\frac{1}{2}}\right]^{\frac{1}{2}}$	$\frac{1}{2}\left[1-(1-\alpha)^{\frac{1}{2}}\right]^{\frac{1}{2}}$
10	$\frac{3}{2}\left[(1-\alpha)^{-\frac{1}{3}}-1\right]^{-1}$	$1-\frac{2}{3}\alpha-(1-\alpha)^{\frac{2}{3}}$
11	$\frac{3}{2}(1-\alpha)^{\frac{2}{3}}\left[1-(1-\alpha)^{\frac{1}{3}}\right]^{-1}$	$\left[1-(1-\alpha)^{\frac{1}{3}}\right]^{2}$
12	$4\alpha^{\frac{3}{4}}$	$\alpha^{\frac{1}{4}}$
13	$3\alpha^{\frac{2}{3}}$	$\alpha^{\frac{1}{3}}$
14	$2\alpha^{\frac{1}{2}}$	$\alpha^{\frac{1}{2}}$
15	$\frac{2}{3}\alpha^{-\frac{1}{2}}$	$\alpha^{\frac{3}{2}}$
16	$1-\alpha$	$-\ln(1-\alpha)$
17	$(1-\alpha)^2$	$(1-\alpha)^{-1}-1$
18	$(1-\alpha)^3$	$\frac{1}{2}[(1-\alpha)^{-2}-1]$

将数据：$\alpha_i, y(\alpha_i)(i = 1, 2, \cdots, j)$ 和 $\alpha = 0.5$，$y(0.5)$ 代入关系式，得

$$y(\alpha) = \frac{f(\alpha) \cdot G(\alpha)}{f(0.5) \cdot G(0.5)} \tag{4-9}$$

将表格中的反应机理函数作如图 4.2 所示的 $y(\alpha)$-α 关系曲线，视该曲线为标准曲线。

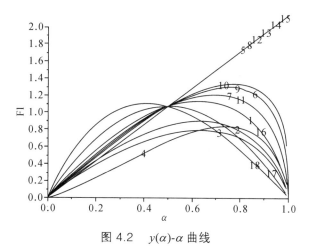

图 4.2　$y(\alpha)$-α 曲线

将实验数据：$\alpha_i, T_i, \left(\dfrac{\mathrm{d}\alpha}{\mathrm{d}t}\right)_i (i = 1, 2, \cdots, j)$ 和 $\alpha = 0.5$，$T_{0.5}, \left(\dfrac{\mathrm{d}\alpha}{\mathrm{d}t}\right)_{0.5}$ 代入关系式，得

$$y(\alpha) = \left(\frac{T}{T_{0.5}}\right)^2 \frac{\left(\dfrac{\mathrm{d}\alpha}{\mathrm{d}t}\right)}{\left(\dfrac{\mathrm{d}\alpha}{\mathrm{d}t}\right)_{0.5}} \tag{4-10}$$

作 $y(\alpha)$-α 关系曲线，视该曲线为实验曲线。

若实验曲线与标准曲线重叠，或实验数据点全部落在某一标准曲线上，则判定该标准曲线所对应的 $f(\alpha)$ 或 $G(\alpha)$ 就是最概然的动力学机理函数。

针对反应机理函数的表征形式，Sestak 和 Berggren 通过分析上述 4 种类型的反应机理函数，提出了一个较适用的经验模型：

$$f(\alpha) = \alpha^m (1-\alpha)^n [-\ln(1-\alpha)]^p \qquad (4\text{-}11)$$

式中，m、n、p 代表不同数值的指数因子，在应用时其中的一个指数因子总是为 0。3 个关于 α 的函数组合代表了不同的反应机理模型，因而获得普遍认可。之后 Maqueda 进一步简化了该方程，截取式（4-11）的前两项作为通用表征形式，即 $f(\alpha) = \alpha^m (1-\alpha)^n$，该方程可以表征一些常见的反应机理。Cai 等人通过引入一个参数，提高了 Maqueda 模型的计算精度。上述研究给出了一些反应机理函数的微分表征形式，但其适用性仍受到限制。一般情况下，材料剩余寿命计算和反应机理函数的积分表达形式 $G(\alpha)$ 密切相关，因此研究材料热解反应遵循的积分式表达模型具有重要意义。由上文分析研究可知，盆式绝缘子环氧树脂的分解是多反应并行、涉及多种反应机制的热解过程，为实现对环氧树脂热解过程反应机理的表征，在式（4-11）的基础上，本研究提出积分形式的反应机理函数 4 参数通用表征形式：

$$G(\alpha) = q\alpha^m (1-\alpha)^n [-\ln(1-\alpha)]^p \qquad (4\text{-}12)$$

式中，q、m、n、p 为常数。为验证通用表征式（4-12）具有较好的通用性和准确度，将其与已有反应机理函数积分形式的差值作为评估指标进行对比，并与式（4-11）的结果进行比较，其差值如图 4-2 所示，其中一部分反应机理函数是式（4-11）、式（4-12）参数取特殊值时的表征形式，由于它们的差值始终为零，该部分反应机理函数未在图中列出。

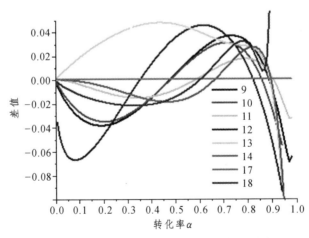

（a）式（4-12）与已有反应机理函数的差值

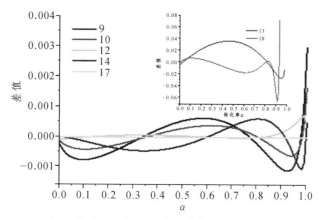

（b）式（4-12）与已有反应机理函数差值

图 4.3　通用反应机理函数与已有机理函数差值

由图 4-3（a）可知，只要选择合适的 q、m、n、p 参数值，式（4-12）就可有效表征表中的已有反应机理函数。对比图 4-3（a）和（b）可知，在整个转化率 $0 \sim 1$ 之间，表征反应机理函数的积分式（4-12）相较于式（4-11）具有更高的准确度和适用性。同时，由于该反应机理函数包含有多种类型的反应机制，因此也适合于表征包含有多种并行反应的热解过程。

4.2　盆式绝缘子的反应机理函数建模

若将热失重曲线分为各个阶段反应，则可分别求取各个阶段的活化能。因此，以上海思源盆式绝缘子为例展开对各阶段的活化能分析，由上海思源盆式绝缘子的热失重曲线分析可知，其失重曲线分为三个台阶，每个台阶都对应着一个具体反应，其 $y(\alpha)\text{-}\alpha$ 曲线如图 4.4 ~ 图 4.6 所示。

由第一阶段实验曲线和标准曲线对比，数据点大部分落在了反应机理函数 1 和 16 上，即 $f(\alpha) = 4(1-\alpha)[-\ln(1-\alpha)]^{3/4}$ 和 $f(\alpha) = 1-\alpha$。由第二阶段

的实验曲线和标准曲线相对比，大部分数据点落在了反应机理函数 6 和 9 上，即：$y(\alpha)=2(1-\alpha)^{1/2}$ 和 $y(\alpha)=2(1-\alpha)^{1/2}[1-(1-\alpha)^{1/2}]^{1/2}$。由第三阶段的实验曲线和标准曲线相对比，大部分数据点落在了反应机理函数 19 上，即：

$$f(\alpha)=\frac{3}{2}(1-\alpha)^{\frac{4}{3}}\left[(1-\alpha)^{-\frac{1}{3}}-1\right]^{-1}。$$

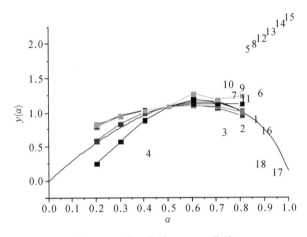

图 4.4　第一台阶 $y(\alpha)$-α 曲线

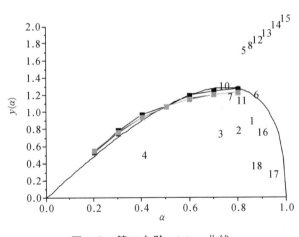

图 4.5　第二台阶 $y(\alpha)$-α 曲线

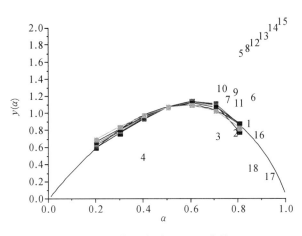

图 4.6　第三台阶 $y(\alpha)$-α 曲线

第 5 章　基于活化能分析的绝缘状态评估与寿命预测

南方电网近几年电气设备问题较为突出，实现其状态评估对电网安全运行起着重要作用。前面几章已经分析出电力设备绝缘老化过程，实际上是以某种速率进行的热解化学反应，与热解过程中的活化能、反应机理函数和指前因子等动力学状态参量密切相关，或者说，这些参量可作为表征绝缘状态的特征量。同时，活化能也可作为基本参量来表征绝缘材料生产过程中出现的内部缺陷情况。因此，以阿伦尼乌斯方程为基础，利用测量获得的热失重数据曲线，可分别求解出活化能、反应机理函数和指前因子，进而实现对其剩余寿命的预测。

本章在前几章的基础之上，针对 GIS 设备中的关键绝缘部件——盆式绝缘子和目前新型导线——绞合型碳纤维复合材料芯架空导线，采用相关理论进行绝缘状态的评估，并进行绝缘寿命的预测。

5.1　盆式绝缘子绝缘状态评估及寿命预测

5.1.1　活化能与转化率之间的关系

转化率 α 是指某一个反应过程，在某一特定时间和温度存在的产物量与该阶反应物的起始量相比较的量，为无量纲的量。

$$\alpha = \frac{W_0 - W_T}{W_0 - W_\infty} \tag{5-1}$$

式中，W_0 表示起始质量，W_T 表示特定的时间和特定温度时的质量；W_∞ 表示最终质量。

通过计算某一盆式绝缘子在不同转化率下的活化能，获得盆式绝缘子的活化能随转化率变化的曲线如图 5.1 所示。

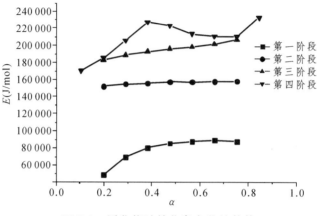

图 5.1　活化能随转化率变化的趋势

由图 5.1 可知，一方面，每一阶段的活化能几乎不变，每一阶段的反应遵循单一的反应机理函数。另一方面，如果把整个失重阶段看作是一个反应的话，其活化能的数值并不是一成不变的，随着转化率的增加逐渐上升然后又缓慢下降，在转化完全的时候又略微上升。转化率，即质量损失率，由此可见盆式绝缘子的活化能与质量有着密切的关系，二者之间的关联规律还有待进一步研究。

5.1.2　基于 Arrhenius 方程的盆式绝缘子的剩余寿命预测

通过方程（2-9）进行积分变换得

$$\int_0^\alpha \frac{\mathrm{d}\alpha}{f(\alpha)} = k(T)t = A\exp\left(\frac{-E}{RT}\right)t \tag{5-2}$$

方程（5-2）进一步变形可得

$$t = \frac{G(\alpha)}{k(T)} \tag{5-3}$$

由式（5-3）可知，材料在某一运行状态下的使用寿命，可转变为求解材料劣化或裂解所遵循的某种反应机理函数 $G(\alpha)$，以及该运行状态下的反应速率常数 $k(T)$。

当聚合物绝缘的质量损失达到 5% 时，即可认为材料的使用寿命终止，由此作为寿命终点的判据。通过上面对盆式绝缘子的活化能以及反应机理函数的求取，根据前面几章的试验分析和数据，最终获得不同温度下的盆式绝缘子寿命如表 5.1 所示。

表 5.1　不同温度下盆式绝缘子的使用寿命

$T/°\text{C}$	$k(T)$	Lifetime tr（year）
25	3.08×10^{-7}	18 170
50	5.42×10^{-6}	748
75	6.32×10^{-5}	64
100	5.31×10^{-4}	8
125	3.41×10^{-3}	2
150	1.21×10^{-2}	0.02

由表 5.1 中可知，随着运行温度的升高，盆式绝缘子的使用寿命会逐渐下降，当材料的运行温度为 75 ℃，盆式绝缘子的剩余寿命约为 64 年，当材料运行温度达 100 ℃ 时，绝缘子寿命约为 7.6 年，温度对 GIS 盆式绝缘子的寿命影响较大。通过对寿命的预测，可以判断盆式绝缘子的运行状态，根据状态可以指导现场的运维。

5.2　绞合型碳纤维复合材料芯架空导线老化寿命预测

5.2.1　碳纤维复合材料芯棒的热失重结果

碳纤维是一种含碳量高达 90% 以上的无机高分子纤维材料，耐热性能优异。在本试验所设的温度范围（常温～900 ℃）及氮气环境下，碳纤维不会发生分解，也就是说，碳纤维复合材料芯样品的热失重过程主要是环氧树脂基体的分解，且热分解完全后的剩余成分为碳纤维和残碳。

为避免干扰，将全新碳纤维复合材料芯棒表面缠绕的有机纤维丝锉去，用酒精擦拭样品表面，然后将其研磨成粉末，并放置在 40 ℃ 的恒温干燥箱干燥，作为测试样品备用。热失重测试采用 TGA400 仪器在干燥的流速为 100 ml/min 氮气环境下进行，每次测试量取质量为 5～10 mg 的样品，分别设置 5 K/min、10 K/min、20 K/min、25 K/min 的升温速率，温度范围从室温到 900 ℃。

不同升温速率下碳纤维复合材料芯的 TG 曲线和 DTG 曲线分别如图 5.2 和图 5.3 所示，可以看出，随着升温速率的增加，热失重曲线和 DTG 曲线均向高温方向移动，起始分解温度、终止分解温度以及分解速率最大时的温度（即 DTG 曲线中的峰顶温度）都有轻微增加。从热失重过程的变化来看，不同升温速率下样品热失重的变化趋势相同，说明在不同升温速率下碳纤维复合材料芯的反应机理函数是一致的。

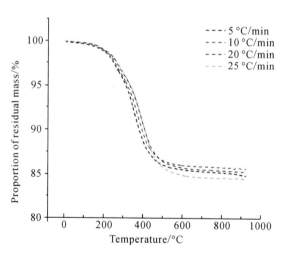

图 5.2　不同升温速率下碳纤维复合材料芯的 TG 曲线

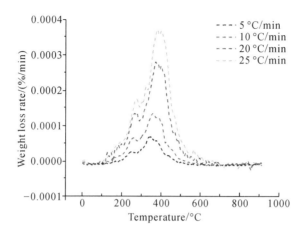

图 5.3 不同升温速率下碳纤维复合材料芯的 DTG 曲线

5.2.2 碳纤维复合材料芯棒活化能

1. Flynn-Wall-Ozawa 法

下面采用 Flynn-Wall-Ozawa 法（F-W-O）法求取碳纤维复合材料芯的活化能。如表 5.2 所示为从 DTG 曲线中读取的不同升温速率下的峰顶温度，对进行线性拟合如图 5.4 所示，拟合系数 $R_2 = 0.999\,71$，进而求得活化能为 168.76 kJ/mol。

表 5.2 不同升温速率下的峰顶温度

升温速率 β /（°C/min）	T_p / °C	T_p /K
5	359.500	631.650
10	372.333	644.483
20	386.667	658.817
25	390.833	662.983

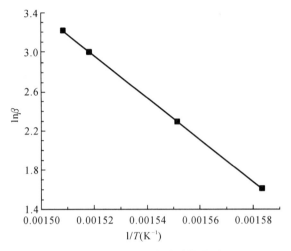

图 5.4　F-W-O 法的线性拟合结果

2. Kissinger 法

Kissinger 法提出另一计算活化能的方式。

T_{pi} 取值同表 5.2，拟合曲线如图 5.5 所示，计算得到活化能为 166.79 kJ/mol。在误差允许的范围内，该结果与前一种方法（F-W-O 法）计算的活化能数值基本一致，均处于 170 kJ/mol 附近。

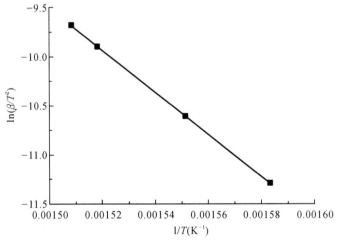

图 5.5　Kissinger 法的线性拟合结果

3. 不同转化率下的活化能

对不同升温速率下的热失重测试结果，选取相同的转化率 α，则反应机理函数 $G(\alpha)$ 是恒定值，在 F-W-O 法中仍满足 $\ln\beta$ 和 $1/T$ 呈线性关系，进而可以从拟合斜率值求得活化能。基于 F-W-O 法得到不同转化率 α 下的拟合曲线如图 5.6 所示，可以看出，这几条拟合曲线近似平行，说明不同转化率下的活化能数值在一定范围内变化不大。根据各拟合曲线的斜率得到不同转化率下的活化能，活化能随转化率的变化曲线见图 5.7，可以表示整个热分解过程中碳纤维复合材料芯活化能的变化情况，在反应前期和中期活化能数值基本维持稳定，反应中后期活化能数值有所增加，这可能是由于随着温度升高，反应进一步加深，物理和化学交联的环氧树脂分子开始断裂，因此需要更多能量参与，活化能达到最大。将不同转化率下的活化能取平均值，得到碳纤维复合材料芯的热解反应平均活化能为 175.24 kJ/mol，与 F-W-O 法和 Kissinger 法的计算结果相差不大。

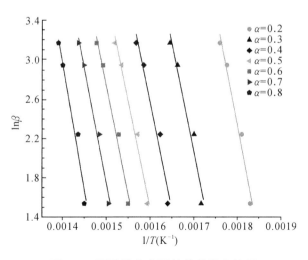

图 5.6　不同转化率下的线性拟合结果

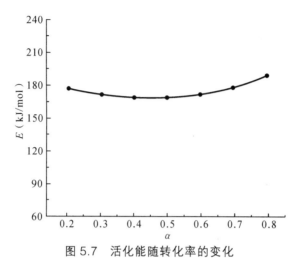

图 5.7 活化能随转化率的变化

5.2.3 碳纤维复合材料芯棒使用寿命预测

从转化率-活化能的关系，可以判断热分解反应的复杂程度。根据前面得到的活化能与转化率的关系可知，活化能数值随转化率的变化很小，可以认为该反应过程遵循单一的反应机理函数。非等温条件下常用的热分解动力学方程如下：

$$\frac{\mathrm{d}\alpha}{\mathrm{d}T} = \frac{A}{\beta}\exp\left(-\frac{E}{RT}\right)f(\alpha) \qquad (5\text{-}4)$$

移项后两端同时积分得

$$\begin{aligned}
G(\alpha) &= \int_{T_0}^{T}\frac{A}{\beta}\exp\left(-\frac{E}{RT}\right)\mathrm{d}T \\
&\approx \int_{0}^{T}\frac{A}{\beta}\exp\left(-\frac{E}{RT}\right)\mathrm{d}T = \frac{AE}{\beta R}P(u)
\end{aligned} \qquad (5\text{-}5)$$

考虑到开始反应时温度 T_0 较低，反应速率可忽略不计，两侧可在 $0 \sim \alpha$ 和 $0 \sim T$ 之间积分。$P(u)$ 称为温度积分，表达式如式（5-6）所示，其中 $u = E/RT$。

$$P(u) = \int_{-\infty}^{T} -\frac{e^{-u}}{u^2} du \qquad (5\text{-}6)$$

由于 $P(u)$ 在数学上无解析解，可以由 Doyle 积分近似公式得到近似解：

$$P(u) = 0.004\,84 e^{-1.051\,6u} \qquad (5\text{-}7)$$

若以 $\alpha = 0.5$ 为参考点，可以得

$$G(0.5) = \frac{AE}{\beta R} P(u_{0.5}) \qquad (5\text{-}8)$$

进一步可得

$$\frac{P(u)}{P(u_{0.5})} = \frac{G(\alpha)}{G(0.5)} \qquad (5\text{-}9)$$

　　将在转化率范围内得到的活化能 E 和温度 T 代入上式左端，可得到一系列实验数据点。如果热解反应可用单一的反应机理函数描述，则不同升温速率下产生的一系列实验数据点在相同转化率下将互相重叠。将转化率和各种可能的动力学模式函数代入上式右端，则可构成标准函数曲线。几种常见的反应机理函数曲线如图 5.8 所示。图 5.9 给出了在不同升温速率下的实验数据点，可以看出，4 种升温速率下的数据点几乎全部重叠，表明碳纤维复合材料芯的热失重过程遵循单一的反应机理函数。同时，这些数据随转化率的变化趋势与标准函数的曲线（18）趋势相同，说明复合材料芯的反应机理函数遵循 $f(\alpha) = (1-\alpha)^n$ 模型。进一步计算发现当 $n = 3$ 时实验数据与标准函数的趋势最贴近，即反应机理函数为 $G(\alpha) = \frac{1}{3}[(1-\alpha)^{-3} - 1]$。多次修正计算后发现当 n 修正为 3.3 时，与实验数据的拟合度最优，由此确定碳纤维复合材料芯的反应机理函数为 $G(\alpha) = \frac{1}{3.3}[(1-\alpha)^{-3.3} - 1]$。

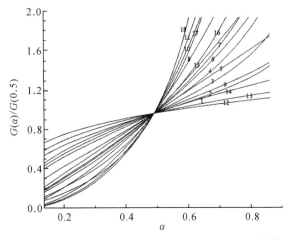

图 5.8　动力学模型函数的 $G(\alpha)/G(0.5)$-α 关系曲线

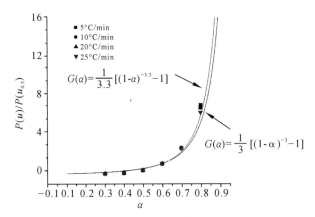

图 5.9　不同升温速率下的反应机理函数拟合

采用 Coast-Redfern 法可将反应机理函数纳入，由曲线拟合求取指前因子 A，并通过对比活化能的差异性来验证反应机理函数的正确性。其方程如式（5-10）所示：

$$\ln\left[\frac{G(\alpha)}{T^2}\right]=\ln\left(\frac{AR}{\beta E}\right)-\frac{E}{RT} \tag{5-10}$$

$\ln[G(\alpha)/T^2]$ 与 $1/T$ 满足线性关系，由截距得到 A 值，由斜率可得 E 值。选取升温速率为 10 ℃/min 的试验数据，结合前面得到的反应机理函数进行拟合计算，计算得到活化能为 160.35 kJ/mol，指前因子 A 为 $2.14 \times 10^{12}\ \mathrm{s^{-1}}$。根据已有研究成果，由 Coast-Redfern 法得到的活化能 E_C 和指前因子 A_C 分别与 F-W-O 法得到的活化能 E_F 和 Kissinger 法得到的 A_K 比较，当同时满足以下条件时，可以验证反应机理函数 $G(\alpha)$ 的正确性。

$$\left|E_F - E_C\right| / E_F \leqslant 0.1$$

$$\left|\lg A_C - \lg A_K\right| / \lg A_K \leqslant 0.1$$

基于 F-W-O 法通过两种方式计算活化能：一种是采用 DTG 曲线中峰顶温度得到 $E_{F1} = 168.76$ kJ/mol；另一种是计算不同转化率下的活化能平均值得到 $E_{F2} = 175.24$ kJ/mol，将 Coast-Redfern 法得到的 E_C 分别与这两个值比较，得到 $\dfrac{\left|E_{F1} - E_C\right|}{E_{F1}} = 0.05 \leqslant 0.1$、$\dfrac{\left|E_{F2} - E_C\right|}{E_{F2}} = 0.085 \leqslant 0.1$，均满足条件。基于 Kissinger 公式计算得到的 $\lg A_K = 13.19$，Coast-Redfern 法得到的 $\lg A_C = 12.33$，得到 $\dfrac{\left|\lg A_C - \lg A_K\right|}{\lg A_K} = 0.065 < 0.1$，因此以上两个条件均能满足，证明推估的反应机理函数 $G(\alpha) = \dfrac{1}{3.3}[(1-\alpha)^{-3.3} - 1]$ 适用于碳纤维复合材料芯的热分解反应机制。Coast-Redfern 法拟合结果如图 5.10 所示。

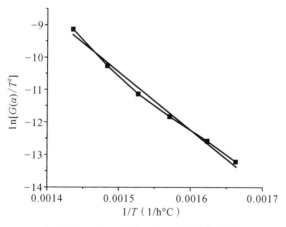

图 5.10　Coast-Redfern 法拟合结果

碳纤维复合材料芯的老化过程，本质上是复合材料受到诸如光照、温度、湿度等因素影响而发生的裂解与劣化现象，其化学反应速率的快慢将决定材料的使用寿命。因此，可通过在某一运行状态下的化学反应速率与状态参量，实现对复合材料剩余使用寿命的预测。通过热失重曲线求取活化能、反应机理函数和指前因子这 3 个热解动力学状态参数，从而可以对碳纤维复合材料芯的寿命进行评估。

对热解反应动力学方程进行积分变换，可得

$$G(\alpha) = \int_0^\alpha \frac{d\alpha}{f(\alpha)} = k(T)t$$
$$= A\exp\left(-\frac{E}{RT}\right)t \tag{5-11}$$

进一步变形为

$$t = \frac{G(\alpha)}{k(T)} \tag{5-12}$$

由式（5-12）可知，材料在某一运行状态下的使用寿命，可转变为求解材料劣化或裂解所遵循的某种反应机理函数 $G(\alpha)$，以及该运行状态下的反应速率常数 $k(T)$。

当聚合物的质量损失达到 5%时，即可认为材料的使用寿命终止，由此作为寿命终点的判据。根据碳纤维复合材料芯的热失重测试结果，当其质量损失 5%时，对应的转化率 α 约为 34%，由研究获得的热解动力学参数可计算出不同温度对应的化学反应速率常数 $k(T)$，与反应机理函数 $G(\alpha)$ 一并代入式（5-12），可得到不同温度下碳纤维复合材料芯的使用寿命，如表 5.3 所示。

表 5.3　不同温度下的使用寿命

温度 T/(°C)	反应速率常数 $k(T)$	使用寿命 t/年
120	$9.715\,98 \times 10^{-12}$	2 907
130	$3.697\,77 \times 10^{-11}$	764
140	$1.318\,94 \times 10^{-10}$	214
150	$4.429\,42 \times 10^{-10}$	63
160	$1.406\,43 \times 10^{-9}$	20
170	$4.238\,32 \times 10^{-9}$	7
180	$1.216\,4 \times 10^{-8}$	2
190	$3.335\,38 \times 10^{-8}$	0.85
200	$8.763\,1 \times 10^{-8}$	0.32

　　由表 5.3 可知，随着运行温度的升高，碳纤维复合材料芯的使用寿命会逐渐下降，当材料的运行温度为 160 °C，碳纤维复合材料芯的使用寿命约为 20 年，当材料运行温度达 200 °C（玻璃化转变温度约 190 °C）时，绝缘子寿命约为 0.32 年，温度对碳纤维复合材料芯的使用寿命的寿命影响较大。

　　本书所采用的老化寿命预测方法，是通过短时实验获得碳纤维复合材料芯的活化能和反应机理函数，通过材料的本征特性参数来预测使用寿命。需要说明的是，因不同类型环氧树脂所采用的基料类型、固化剂不同，且固化工艺也存在差异，表现出的预期寿命将有所差别。在理论上，对于同一热分解反应，用不同方法得到的热动力学参数应在误差范围内基本一致，且所反应机理函数应是唯一确定的，但实际上并非如此。由于测试手段的限制，对热分解反应动力学研究仍是宏观的，得到的结论只适用于总包反应。由于不知道固体热分解反应"真实的"反应机理函数，常将反应机理函数假定为简单级数反应，由此求出表观反应级数、活化能和指前因子。

然而，固体热分解反应非常复杂，简单级数往往不能描述非均相固体反应的真实动力学过程，实际过程可能偏离假定模式。

通过热失重分析获取盆式绝缘子的活化能，并基于 Arrhenius 方程对不同温度下的盆式绝缘子的剩余寿命进行了预估，其有效性和正确性还有待进一步研究。本书提出了基于活化能来评估盆式绝缘子的绝缘状态和剩余寿命，具有一定的前瞻性和工程应用价值，为现场评估南方电网在运盆式绝缘子的老化状态提供了新的参考。

此外，考虑到碳纤维导线的实际工作环境，除了运行温度外，还会受到高湿、盐、酸、碱、紫外线等环境因素的影响，这些老化因素可能会对材料活化能造成一定影响，在可容许的活化能变化范围内采用全新样品得到的使用寿命仍具有一定的代表性。

第 6 章　基于活化能分析的绝缘寿命预测评估技术的未来发展

结合南方电网设备运行情况，本书利用热失重曲线求解 GIS 绝缘子材料的动力学参量和反应机理函数，并基于活化能理论研究绝缘材料的寿命预测方法，得到了如下结论：

（1）盆式绝缘子长期工作在强场环境中，受电、热、机械等多种应力综合作用，容易导致绝缘子分子结构和组成转变，在宏观层面上显示为材料绝缘性能的劣化。活化能作为材料的一个本征属性，界定了化学反应所需克服的能量势垒，能表征材料所发生化学反应的难易程度。在绝缘材料老化进程中，某些分子化学键持续受电、热应力作用会逐渐发生断裂而形成自由基，分子与分子之间的联系减弱，具体表现为分子活化能量值的降低。因此，活化能能够作为表征材料绝缘状态和老化程度的特征参量，可以成为评估绝缘剩余寿命的潜在的技术参数。

（2）电力设备绝缘老化过程，实际上是以某种速率进行的热解化学反应，与热解过程中的活化能、反应机理函数和指前因子等动力学状态参量密切相关。同时，活化能也可作为基本参量来表征盆式绝缘子等绝缘材料生产固化过程中出现的内部缺陷。因此，以阿伦尼乌斯方程为基础，利用测量获得的热失重数据曲线，可分别求解出活化能、反应机理函数和指前因子，进而实现对绝缘材料剩余寿命的预测。

（3）升温速率对 GIS 盆式绝缘子的热失重曲线具有较大影响。随着升温速率升高，GIS 盆式绝缘子的 TG 曲线向高温方向推移，对应的起始温度、终止温度、最大质量损失温度和峰值温度相应增加。

（4）通过对比实验函数和标准函数曲线，得到盆式绝缘子热失重曲线台阶 I 的热解反应机理函数变化趋势，并通过引入分数形式的反应级数 n，最终获得适用于盆式绝缘子热失重曲线的真实反应机理函数。

（5）在获取活化能、反应机理函数和指前因子的基础上，提出了一种基于热解动力学状态参量的 GIS 盆式绝缘子剩余寿命预测方法。进一步的分析表明，盆式绝缘子的使用寿命受其运行温度的影响最大。

（6）目前已经实现了利用活化能在实验室条件下的绝缘评估，但仍然难于使用于电力设备运行现场，未来作者将在该领域重点研究电力设备绝缘现场活化能检测方法，力图在此基础上开发出检测设备。

参考文献

［1］ 李锐海. 绞合型碳纤维复合材料芯架空导线[M]. 北京：中国电力出版社，2022.

［2］ 金虎，李锐海，孟晓波，等. 基于热失重分析的盆式绝缘子热分解活化能的计算方法[J]. 高压电器，2018，54（05）：44-48+55.

［3］ 李庆民，任鹏，彭鹏，张蔚. 基于活化能的绝缘老化评估方法研究进展[J]. 电工电能新技术，2020，39（01）：59-68.

［4］ 金虎. 基于多参量的 GIS 局部放电发展过程研究及严重程度评估[D]. 北京：华北电力大学，2015.

［5］ 任鹏，李庆民，刘红磊，彭鹏，金虎，李锐海，王伟. 求解聚合物绝缘热解反应活化能的改进算法[J]. 中国电机工程学报，2020，40（19）：6371-6380.

［6］ 任鹏，李庆民，彭鹏，张蔚，丛浩熹，金虎，李锐海. 基于热解动力学状态参量的 GIS 盆式绝缘子剩余寿命预测方法[J]. 中国电机工程学报，2019，39（22）：6774-6783.

［7］ 彭鹏，任鹏，李庆民，张蔚，丛浩熹，金虎. GIS 盆式绝缘子热分解动力学参数计算方法[J]. 高电压技术，2020，46（10）：3622-3629.

［8］ JIN H，LI R H，REN P，et al. Dynamic analysis of thermal degradation of basin-type insulator[C]. 2019 IEEE Milan PowerTech，Milan，Italy，2019：1-1.

［9］ 王伟，张弛，马小光，刘红磊，任鹏. 基于频域介电谱和温度谱的活化能计算方法[J]. 绝缘材料，2020，53（07）：88-93.

［10］ 张蔚，任鹏，彭鹏，黄旭炜，李庆民. 求取环氧树脂复合绝缘活化能的改进介电谱法[J]. 绝缘材料，2020，53（07）：98-105.

［11］ 严璋，朱德恒. 高电压绝缘技术[M]. 北京：中国电力出版社，2015.

[12] 杜林. 大电机主绝缘局部放电测量及老化特征研究[D]. 重庆：重庆大学，2004.

[13] WANG M，VANDERMAAR A J，SRIVASTAVA K D. Review of Condition Assessment of Power Transformers in Service[J]. IEEE Electrical Insulation Magazine，2002，18（6）：12-25.

[14] 廖瑞金. 变压器绝缘故障诊断黑板型专家系统和基于遗传算法的故障预测研究[D]. 重庆：重庆大学，2003.

[15] HARTLEIN R. Diagnostic Testing of Underground Cable Systems（Cable Diagnostic Focused Initiative）[R]. 2010.

[16] 汤铭华. GIS 组合电器典型故障分析及改进[D]. 广州：华南理工大学，2013.

[17] ZHOU Y，YE R，DONG M，et al. Research on SF_6 gas decomposition detection method based on electrochemical sensors[J]. 2016，37：2133-2139.

[18] 黄学民，谷裕，罗新，等. 高频脉冲振荡法检测干式空心电抗器匝间绝缘缺陷[J]. 变压器，2017，54（12）：49-52.

[19] 付强，单志铎，陈庆国. 大型电机定子线棒主绝缘老化性能的介电响应研究现状[J]. 大电机技术，2018（1）：10-14.

[20] 周长亮. 基于介电频谱特性的低压橡胶绝缘电缆老化程度评估方法研究[D]. 大连：大连理工大学，2012.

[21] 王有元，刘玉，王施又，等. 电热老化对干式变压器中环氧树脂特性的影响[J]. 电工技术学报，2018（1）：3906-3916.

[22] 柳再本. 干式变压器绝缘树脂老化实验[J]. 高压电器，2006（5）：68-70，75.

[23] HORNAK J，HARVANEK L，TOTZAUER P，et al. Influence of

thermal aging on electrical properties of inhomo-geneous dielectric material[C]// International Scientific Conference on Electric Power Engineering，Pragne. Czech Republic，2016：10.1109/EPE.2016. 75211751.

[24] PIERCE L W. Hottest spot temperatures in ventilated dry type transformers[J]. IEEE Transactions on Power Delivery，1994，9（1）：257-264.

[25] 欧阳文敏，王珏，张东东，等. 重复频率脉冲下环氧树脂电树枝引发特性[J]. 强激光与粒子束，2010，22（06）：1378-1382.

[26] 欧阳文敏. 纳秒脉冲下环氧树脂电树枝老化特性的研究[D]. 北京：中国科学院研究生院，2010.

[27] DAS S，GUPTA N. Effect of ageing on space charge distribution in homogeneous and composite dielectrics[J]. IEEE Transactions on Dielectrics & Electrical Insulation，2015，22（1）：541-547.

[28] 刘勇，张迪，尤冀川，等. 小间隙高电场下温度对环氧树脂绝缘特性的影响[J]. 电力系统及其自动化学报，2016，28（5）：81-85.

[29] 龚瑾，李喆，刘新月. 氧化铝/环氧树脂复合材料空间电荷特性与高温高湿环境下交流电场老化[J]. 电工技术学报，2016，31（18）：191-198.

[30] 李庆民，刘伟杰，韩帅，等. 环氧树脂绝缘高频电热联合老化中局部放电特性分析[J]. 高电压技术，2015，41（2）：389-395.

[31] DAS S，GUPTA N. Effect of ageing on space charge distribution in homogeneous and composite dielectrics[J]. IEEE Transactions on Dielectrics & Electrical Insulation，2015，22（1）：541-547.

[32] CASTRO L C，OSLINGER J L，TAYLOR N，et al. Dielectric and physico-chemical properties of epoxy-mica insulation during thermoelectric

aging[J]. IEEE Transactions on Dielectrics & Electrical Insulation, 2015, 22（6）: 3107-3117.

[33] PANDEY J C, GUPTA N. Thermal aging assessment of epoxy-based nanocomposites by space charge and conduction current measurements[C]// IEEE Electrical Insulation Conference, 2014: 59-63.

[34] 谢耀恒, 雷红才, 黄海波, 等. 环氧树脂湿热老化过程分子模拟仿真研究[J]. 绝缘材料, 2019（9）: 70-77.

[35] 刁智俊, 赵跃民, 陈博, 等. 印刷电路板中环氧树脂热解的 ReaxFF 反应动力学模拟[J]. 化学学报, 2012, 70（19）: 2037-2044.

[36] SONG D S. ReaxFF reactive force field for molecular dynamics simulations of epoxy resin thermal decomposition with model compound[J]. Journal of Analytical and Applied Pyrolysis, 2013.

[37] ZHAO Y, WANG Z, KEEY S L, et al. Long-term viscoelastic response of e-glass/bismaleimide composite in seawater environment[J]. Applied Composite Materials, 2015, 22（6）: 693-709.

[38] CHIANG H L, LO C C, MA S Y. Characteristics of exhaust gas, liquid products, and residues of printed circuit boards using the pyrolysis process[J]. Environmental Science & Pollution Research, 2010, 17（3）: 624.

[39] 倪潇茹, 王健, 王靖瑞, 等. 碳纳米管对环氧树脂复合介质电-热裂解特性的微观调控模拟[J]. 电工技术学报, 2018, 033（022）: 5159-5167.

[40] 金天雄, 金之俭, 江平开, 等. 表面含有半导电层的高压绝缘结构的电场的有限元分析[J]. 绝缘材料, 2006, 39（3）: 49-52.

[41] 金天雄, 黄兴溢, 江平开, 等. 用有限元分析交联聚乙烯电缆中水树成长行为的研究[J]. 绝缘材料, 2008, 41（2）: 66-71.

[42] ZHANG X, GUI Y, DAI Z. A simulation of Pd-doped SWCNTs used to detect SF6 decomposition components under partial discharge[J]. Applied Surface Science, 2014, 315（10）: 196-202.

[43] VYAZOVKIN S, WIGHT C A. Kinetic in solid[J]. Annual Review of Physical Chemistry, 1997, 48: 965-979.

[44] BROWN M E. Stocktaking in the kinetics cupboard[J]. Journal of Thermal Analysis and Calorimetry, 2005, 82（3）: 665-669.

[45] BROWN M E. Introduction to thermal analysis: Techniques and applications[M]. 2nd ed. Kluwer: Dordrecht, 2001. Chapter 10.

[46] PETERSON V K, NEUMANN D A, LIVINGSTON R A. Hydration of tricalcium and dicalcium silicate mixtures studied using quasielastic neutron scattering[J]. Journal of Physical Chemistry B, 109（30）: 14449-14453.

[47] LIU J, WANG, J J, LI H H, etal. Epitaxial crystallization of isotactic poly（methyl methacrylate）on highly oriented polyethylene[J]. Journal of Physical Chemistry B, 110（2）: 738-742.

[48] YANG J, MCCOY B J, MADRAS G. Distribution kinetics of polymer crystallization and the Avrami equation[J]. The Journal of Chemical Physics, 2005, 122（6）: 064901.

[49] YANG J, MCCOY B J, MADRAS G. Kinetics of nonisothermal polymer crystallization[J]. The Journal of Physical Chemistry B, 2005, 109（39）: 18550-18557.

[50] Wu C Z, WANG P, YAO X, et al. Hydrogen storage properties of MgH2/SWNT composite prepared by ball milling[J]. Journal of Alloys & Compounds, 2006, 420（1-2）: 0-282.

[51] MAGDALÉNA HROMADOVÁ, ROMANA SOKOLOVÁ, LUBOMÍR POSPÍSIL, et al. Surface interactions of s-Triazine-Type pesticides: an electrochemical impedance study[J]. Journal of Physical Chemistry B, 2006, 110（10）: 4869-4874.

[52] WANG S, GAO Q Y, WANG JC. Thermodynamic analysis of decomposition of thiourea and thiourea oxides[J]. Journal of Physical Chemistry B, 109（36）: 17281-17289.

[53] GRAETZ J, REILLY J J. Decomposition kinetics of the AlH3 polymorphs[J]. 2005, 109（47）: 22181-5.

[54] ORTEGA A. Some successes and failures of the methods based on several experiments[J]. Thermochimica Acta, 1996, 284（2）: 379-387.

[55] DAKIN T W, PHILOFSKY H M, DIVENS W C. Significant factors in thermal aging tests on flexible sheet insulation[J]. American Institute of Electrical Engineers Part I Communication & Electronics Transactions of the, 1955, 74（3）: 289-293.

[56] 于伯龄, 姜胶东. 实用热分析[M]. 北京: 纺织工业出版社, 1990.

[57] 李传儒, 陈镜泓. 热重-微分热重法快速评定漆包线热老化寿命[J]. 化学学报, 1977（2）: 53-59.

[58] 蒋世承, 商宝绪, 曹元春. 热分析法研究高价氧化银的热分解动力学并导出锌-氧化银电池中 AgO 电极的寿命方程[J]. 化学通报, 1980（7）: 19-20.

[59] EYRING H E, HENDERSON D E, JOST W E. Physical chemistry: an advanced treatise[J]. Journal of Molecular Structure, 1977（2）: 336.

[60] LEWIS T J. Ageing-a perspective[J]. IEEE Electrical Insulation Magazine，2001，17（4）：6-16.

[61] BAHDER G，Garrity T，SOSNOWSKI M，et al. Physical model of electric aging and breakdown of extruded polymeric insulated power cables[J]. IEEE Transactions on Power Apparatus and Systems，1982，101（6）：1379-1390.

[62] L. A. Disssado，A. Thabet，S. J. Dodd. Simulation of DC electrical ageing in insulating polymer films[J]. IEEE Transactions on Dielectrics and Electrical Insulation，2010，17（3）：890-897.

[63] 李建喜，单永东，曹丹. 核电用交联三元乙丙绝缘材料的活化能及寿命评价[J]. 绝缘材料，2019，52（12）：41-45.

[64] 刘刚，金尚儿，梁子鹏，黄嘉盛，刘斯亮，吴亮. 基于等温松弛电流法和活化能法的 110 kV XLPE 电缆老化状态评估[J]. 高电压技术，2016，42（8）：2372-2381.